UNDERSTANDING

THE EMOTIONS OF

OTHERS IS

HALF THE BATTLE

理解了别人的情绪
沟通就成功了一半

果冻

著

古吴轩出版社

中国·苏州

图书在版编目（CIP）数据

理解了别人的情绪，沟通就成功了一半 / 果冻著
. — 苏州：古吴轩出版社，2019.6
ISBN 978-7-5546-1275-0

Ⅰ. ①理… Ⅱ. ①果… Ⅲ. ①情绪—自我控制—通俗读物 Ⅳ. ①B842.6-49

中国版本图书馆CIP数据核字（2019）第099418号

责任编辑：蒋丽华
见习编辑：顾　熙
策　　划：刘丽娜　张　政
装帧设计：仙境书品

书　　名：理解了别人的情绪，沟通就成功了一半
著　　者：果　冻
出版发行：古吴轩出版社
地址：苏州市十梓街458号　　邮编：215006
Http: //www.guwuxuancbs.com　　E-mail：gwxcbs@126.com
电话：0512-65233679　　传真：0512-65220750
出 版 人：钱经纬
经　　销：新华书店
印　　刷：天津旭非印刷有限公司
开　　本：880×1230　1 / 32
印　　张：8
版　　次：2019年6月第1版　第1次印刷
书　　号：ISBN 978-7-5546-1275-0
定　　价：42.80元

目录

第一章　有了好印象，不怕聊不来

第二章　承认自身情绪，引发他人共鸣

第三章 潜台词表达法，使沟通更有效

第四章　谈好主话题，沟通更有趣

第五章 谁掌控了情绪，谁就拥有了话语权

第一章

有了好印象，不怕聊不来

在生活中，我们初见一个人，总会对他/她产生印象，印象的好坏决定我们是否会继续与其来往。

大部分人对一个人形成印象的过程通常符合首因效应，即第一印象效应的规律。也就是说，人们对一个人各方面特质做出的判断通常基于最先从对方身上获取的信息。

然而，一个人最先传递的信息是极其有限的，在大多数情况下仅包括形象、言行。所以，通常，构成第一印象的元素仅包括形象、气质、言谈、举止。

尽管，“以貌取人”是大多数人不可避免会犯的错误，但事实上，在形成第一印象的时候，言谈举止比形象气质更重要，因为谈吐可以体现个人内涵。谈吐能够决定是否进行深入交流，是否持续产生互动。

试想一下，一个人张口妙语连珠，且谈论的话题非常吸引你的注意力，你会拒绝与他聊天吗？

反之，一个人开口就乱讲话，瞬间点燃你的怒火，你还愿意跟他聊下去吗?

大部分人愿意接受的沟通对象通常是前者。可见,深入交流是形成好印象的基础。而谈吐的确在塑造第一印象上有着极为重要的作用。

所以,要实现持续互动,还得从初次沟通,选择合理的话题引导语开始。

你说了什么样的话，决定你给人什么印象

爱莉在某直播平台做主播。每次直播开始，爱莉的第一句话都一样：“忙碌了一天，终于跟大家见面了，好累啊。”

这句话不是爱莉经过思考后设定的开场白，而是她随口说的。

大多数直播节目都是即兴表演，爱莉的直播也一样，打开摄像头，直播就开始了。爱莉是随性的。

所以，“忙碌了一天，终于跟大家见面了，好累啊”不是必须使用的开场白，它可以被其他话替代。

比如，爱莉可以甜腻腻地撒娇：“又是一整天没跟大家聊天，爱莉真的好想你们。”

或者，爱莉可以很有活力地打招呼：“大家好，你们最喜欢的爱莉又来啦！”

再或者，爱莉可以无厘头地开玩笑：“直播已经开始了吗？不好意思，我还没准备好，可以重来吗？”

首因效应决定了爱莉的开场白给首次观看直播的观众留下的第一印象。

甜腻腻地撒娇会让观众觉得爱莉是个娇柔可爱的女孩，充满活力地打招呼会让观众觉得爱莉是个开朗热情的女孩，无厘头地开玩笑会让观众觉得爱莉是个幽默风趣的女孩。

不管是娇柔可爱，还是开朗热情，又或者是幽默风趣，总好过负能量满满吧。

“忙碌了一天，终于跟大家见面了，好累啊。”这是一句传递负能量的开场白，它会让观众觉得爱莉是个喜欢抱怨的女孩。

无论爱莉的表演多么精彩，她选择的开场白都是失败的，因为她没能让观众看到她的正面形象。

爱莉可能因为随口的一句话成为观众眼中性格糟糕的女主播，也可能因为一句不恰当的开场白毁掉了自己与观众的愉快互动。

如果爱莉懂得开场白的重要性，在直播的时候，她即便再疲惫也会谨慎地说出第一句话。因为她说的话会影响观众对她的第一印象。她要做娇柔可爱的公主，她就要说公主才说的话；她要做开朗热情的少女，就要说少女才说的话；她要做幽默风趣的开心果，就要说开心果才说的话。

把这个道理套用到生活中的其他方面也是一样，你说什么样话，决定了你给人什么印象。而开场白作为脱口而出的第一句话，更容易决定你会给他人留下怎样的印象。

不想让人听完你讲的第一句话就懒得跟你聊下去，就认真为后续沟通开个好头吧。好的开始是成功的一半，精彩的开场白是沟通成功的一半。

如果每次和别人沟通时，你都有一种不知道该说什么的感觉，可以试试以下三种开场白。

1.利用对方的好奇心。

好奇是一般人的天性。用一些能调动他人好奇心的话题作为开场白，很容易激发对方与你互动的欲望。

首先，你可以设置一个悬念。

然后，在解答悬念的时候，引起对方认知冲突。

最后，创造某种条件，支持对方解决冲突。

例如：

A：我感觉你很像一位卡通人物。（设置悬念。）

B：是吗？说说看，你觉得我像谁？

A：像史瑞克。（引起对方强烈的认知冲突。）

B：啊？怪物史瑞克？我有那么丑吗？

A：我不是说你长得像他，而是说你有一种跟他很像的乐观精神，还挺多才多艺的。（创造条件，解决冲突。）

B：哈哈，原来是这个意思，我也挺喜欢这个卡通人物的，因为……

如此一来，对方的话匣子就被你成功打开了。

2.讨论热点事件。

在找不到话题的情况下，可以选一些热点事件跟对方聊。比如，正在热映的电影，或者贴近大众生活的消费咨询，又或是近期发生的重大新闻。

但是，选用热点事件作为开场白时，要注意一点，在陈述事件的时候注意观察对方的反应，如果对方对你的话题明显不感兴趣（表现为回应很少，或一脸茫然），你就得重选话题了，以免让对方觉得你所讲的话题是与他完全没有关系的话题，你根本就是在毫无目的地瞎聊。

3.提供有价值的信息。

在沟通时，根据对方的身份做出判断，提供给对方有价值的信息，不仅能快速让对方对你产生好感，还有助于展开话题。

比如说，与你聊天的人是一位初为人母的女士，你可以说："我在一条微博里看到几种给婴儿做辅食的方法，做法很简单。你等我找给你看看。"

主动提供有价值的信息，会令对方产生你是一位有心人的感觉，对方对你产生了好感，即使你不知道该聊什么，对方也会找些话题跟你聊，不会放任气氛冷下去。

这三种开场白有利于促进交流，展开话题，但不管你选择哪种类型的开场白，务必注意措辞。记住那句话：你说什么样的话，决定你给人什么印象。

不想做怨天尤人的可怜虫，就别满口怨言；不想当尖酸刻薄的“毒舌王”，就别口吐恶言；不想成为自卑善妒的小心眼，就别满嘴酸话……

成为你想成为的人，说那种人会说的话。

恰到好处的闲聊，一句顶一万句

每个人都免不了要跟别人闲聊，有些人更是把闲聊当成自己的爱好，没事就喜欢找人聊天，等个车也要跟旁边的人搭讪。

喜欢找人闲聊倒没什么不好，起码我们可以通过闲聊锻炼自己的沟通能力，毕竟培养口才不能只讲理论，实践更重要。跟一百个人闲聊过，口才自然会提升不少。

不过，在闲聊的时候，你得确认自己的话能激发双方之间的互动，要是一讲话就会把天聊死，那不叫闲聊，叫“尬聊”。

杨梅就是一个喜欢与人闲聊的女生，而且她以为自己深谙闲聊之道，甚至对外声称自己跟任何人都聊得来。可是，大部分跟杨梅聊过天的人都觉得跟她闲聊特没劲，其中一部分人甚至为她贴上了“墙头草”的标签。

拿某次她与朋友喝下午茶时的聊天过程来讲，杨梅的表现就不太好。

荷子说："我觉得喝下午茶就要搭配马卡龙这种好看又好吃的甜点，这样才有喝下午茶的感觉。"

杨梅马上赞同荷子的说法："对啊，我也是这么觉得，光是看着粉嫩可爱的马卡龙，心情都会好起来。"

紧接着，阿喵提出了不同意见："虽然马卡龙很好看，但是我觉得搭配下午茶应该以水果为主，甜点热量太高，运动几个小时才能消耗掉一个马卡龙的热量，吃多了会胖的。"

刚刚还称赞马卡龙粉嫩可爱的杨梅竟然立刻不假思索地站到阿喵那边："对啊，我也是这么觉得，我们不能吃那么多高热量的甜点。"

两种不同的说法都得到了杨梅的认同，天晓得杨梅内心真实的想法是什么。

过了一阵子，鲁鲁把手机里保存的相亲对象的照片拿给大家看，照片里的男人皮肤黑，眼睛小，发际线还很高，跟"帅气"二字不沾边。

没有人评价鲁鲁的相亲对象，鲁鲁自己反倒大方地说："虽说以貌取人不好，但我对这个人真的不可能有感觉。"

这回，杨梅倒没说"对啊，我也是这么觉得"，她说："其实仔细看，这个人也没那么差。你爸妈也是为你好。希望你找个踏实稳重的男人，长得帅没有用的，帅又不能当饭吃。"

听了这种话，鲁鲁沉默了。她太了解杨梅了，杨梅是标准的滥好人，说什么话，做什么事都本着“你好，我好，大家好”的原则，大多数时候，无论别人说什么，她都会用“对啊，我也是这么觉得”来回应，就比如刚才，荷子和阿喵的意见分明不一样，她照样能用“对啊，我也是这么觉得”来应付两个人。

而少数时候，杨梅却会为了维护和谐的气氛，偶尔跟人唱一唱“反调”，不过，她唱的“反调”不是真正的反调，而是和稀泥。

那次的下午茶，因为有了杨梅的存在，气氛的确很和谐，但大家都有一种没有聊尽兴的感觉。

后来，荷子、阿喵和鲁鲁经常相约喝下午茶，但谁都没有提议叫上杨梅，她们之间产生了一种默契——谈心聊天，不能带上杨梅。

杨梅不知道自己有问题，她觉得会聊天的人都有掌控气氛的本事，只要能把气氛搞得一团和气，整场闲聊就圆满成功了。而自己，当然就是那种会聊天的人了。

至于为什么杨梅会说自己跟谁都聊得来，当然是因为她觉得不管跟谁聊天，她都不会因言语之失惹人家生气，而且懂得安抚别人的情绪。所以，至今，杨梅都认为自己擅长聊天。

其实，除了荷子、阿喵和鲁鲁以外，杨梅身边的大部分人也都不喜欢和她闲聊。因为，跟杨梅聊天，就好像自己同自己对话，无聊透顶。杨梅太没有主见，虽然跟她聊天，气氛不会很糟，但难免显得死气沉沉。

当你对一件事情提出看法，发表个人意见时，滥好人只会点头称是，就算你接着陈述自己的看法，也没有什么意义。你面对的那个滥好人，只会在你每次停顿的间歇，说一句类似“对啊，我也是这么觉得”的敷衍之辞。若你还有兴趣讲下去，可能你不是想找人聊天，只是想把自己的看法说出来给自己听罢了。

或者，你提出的第一个看法得到了滥好人的认同，你可能会试着换一个话题来讲，不过很快你就会发现，不管换什么话题，得到的回应都是一样的，你总不能无休止地换话题……这么绞尽脑汁地聊天，太累了。下次想找人闲聊，你一定不会选没有主见的滥好人作为闲聊对象了。

这种情况其实也经常发生在很多情侣身上。男生陪女生逛街，女生兴致勃勃地试穿不同的衣服，每一次从试衣间里走出来，问男朋友意见，男朋友只会说：“你穿什么都好看。”女孩子一定会不高兴，男友虽然讲的是好话，但每次都讲这种没有主见的好话，听起来就很像是敷衍。

所以，如果你不想把天聊死，就别当杨梅那种只会附和他人的滥好人。

一般而言，闲聊时，人人都想发表意见，且每个人都希望自己的意见被重视，也希望自己提出来的观点能引发探讨。想搞热聊天的气氛，只要用一句话激发他人发表意见即可。

你可以选择有争议的话题跟人家聊，比如：“现在好多女孩都愿意接受整容手术了，明星也一样，难道大家都觉得好看的脸比才华更重要吗？”

又或者同人家说：“在大城市里生存好难，很多高学历的年轻人好像并不愿意待在大城市发展，真不知道是留在小城市过安逸稳定的日子好，还是闯荡大城市，为了梦想拼搏好？”

这类富有争议的话题更容易使大家参与进来，在讨论的过程中，每个人都有机会表达自己的观点，气氛很快就会热络起来。

不过，期望用一句话引爆气氛，达到“一句顶一万句的效果”，你必须把握分寸，拿捏尺度，选一句恰到好处的话来讲，否则，热烈的探讨可能会演变成激烈的争论，甚至争吵。

如果闲聊现场有一个整过容的女生，当然不能选整容话题来引发讨论；要是刚好有在大城市混得很失败，走投无路，才选择回小城市的年轻人在场，最好别拿留在大城市还是回小城市的问题作为点燃气氛的引子。

所谓恰到好处就是避免哪壶不开提哪壶。只要聪明地避开了他人忌讳的雷区，用一句话为他人提供表达自己观点的机会，你的发言就能达到一句顶一万句的效果。

没有尊重的直爽就是没教养

直爽是褒义词。

不少人声称自己喜欢跟直爽的人相处，而许多喜欢说实话的人也会标榜自己是直性子。直性子的人没有花花肠子，为人诚实。

诚实，是一种美德，值得被发扬光大。古语云，忠言逆耳利于行。诚实的话或许没那么好听，但却是有价值的。

所以，许多人误认为喜欢说实话就等于直爽。如果你也有这样的想法，请你试着体会一下以下两句话给你带来的感受。

句子一：你该减肥了，最好少吃高热量食品。

句子二：你这么胖，怎么还有脸吃热量这么高的东西？

如果你是一个需要减肥的人，更容易接受以上哪句实话？

相信大家都会选择句子一。

两句同样带有批评语气的实话都是忠言，都逆耳，但人们却更愿意接受句子一，看来不是所有的实话都容易被众人所接受。

实话或许未必等于直爽。

其实，句子一之所以更容易被接受，是因为句子一里有尊重，句子二里有嘲讽。

诚实是美德，我们要讲实话。但与此同时，我们必须明白，尊重他人也是美德，不顾及他人感受胡乱发表个人主观意见，说出践踏他人的尊严的实话不是直爽，而是没教养。

桑榆和小葵曾是一对闺密，她们的关系最终就是因为缺乏尊重的直爽而决裂的。

桑榆皮肤黝黑，但身材很好。小葵皮肤白皙，但身材不好。

小葵刚认识桑榆的时候，经常约桑榆逛街，两个女生接触的频率高了，彼此很自然地以闺密相称。

小葵第一次在桑榆面前表现出自己糟糕的教养时，虽然话说得不好听，但她至少给了桑榆一个做心理准备的暗示。

当时，桑榆看中了一条白色的连衣裙，兴奋地拿给小葵看，并问道："我好喜欢这条裙子，你觉得怎样？"

小葵皱着眉头说："我这个人情商低，说话比较直，有些话说出来，你可能会不高兴，但我对你说的每一句话都是为了你好，希望你不要放在心上。"

抛出了这种话，明显表示接下来她要说的话是不中听的话，桑榆要是不听，岂不是显得太小家子气了？

于是，桑榆大方地说："没事儿，你说吧！"

其实，很多人在说不中听的话时，都会先讲出小葵说的这番话，而他们心里也早就预测到对方多半会回应："没事儿，你说吧！"得到了这种回应，自然就能名正言顺地说所谓的实话了。

果然，小葵说："我觉得这条裙子简直俗不可耐，稍微有点审美能力的人都不可能看上这种款式。再说，你黑得跟煤炭似的，穿上白裙子肯定不好看。"

桑榆听了这种话，当然不是很高兴，但她没有反驳小葵，因为皮肤黑的确是她的缺点，至于她的审美能力如何，她自己也不确定。

小葵损了桑榆一番，试穿了一件横条纹衣服，并询问桑榆意见，桑榆说："我觉得横条纹可能有点显胖。"

小葵不甘心，说："可是我真的很喜欢这种衣服。"

桑榆有些无奈，但作为闺密，她不想欺骗小葵，于是，她继续说实话："你现在穿这件衣服真的不好看，如果实在喜欢，也可以先把它买下来，减肥之后再穿，因为它的颜色跟你的肤色很搭。"

小葵知道桑榆不说谎，这才确信自己不适合这种衣服，终于依依不舍地放下了它。

这一次对话暴露了桑榆和小葵的教养。

小葵建议桑榆不要选那条白裙子，提出这个建议的时候，小葵指出了桑榆的缺点——皮肤黑，但在指出缺点的同时，她对这个缺点进行了嘲讽，顺便还嘲讽了桑榆的审美能力。其实审美只是一种主观意识，小葵过分夸大自己的主观意识，用“俗不可耐”这类过分的贬义词攻击桑榆的审美。表达这些意见时小葵完全不顾及桑榆的感受，显得非常自私。这便是没教养的体现。

桑榆建议小葵不要选那件衣服，直率地表达了自己的看法，并考虑到小葵的感受，建议她可以先买下那件衣服。

后来，小葵跟桑榆的关系越来越亲密，但在友谊飞速发展的过程中，小葵依旧管不好自己的嘴，几次三番说一些难听的实话刺伤桑榆。在说这类话之前，她甚至连最初使用的“我这个人情商低”之类的铺垫都省略了。

比如，桑榆换了发型，小葵说：“这个发型好丑！”

再比如，桑榆做了纸杯蛋糕请小葵吃，小葵说：“这么恶心的造型，味道再好，看到它也反胃。”

……

这样的例子数不胜数。

终于，好脾气的桑榆被小葵激怒了。

事情的经过是这样的：桑榆终于等到心仪的男生的告白，那天刚巧是小葵的生日，桑榆决定带男生一起参加小葵的生日派对。

得知桑榆恋爱了，小葵祝福了桑榆，但很快她又犯了“直率”的毛病。她对桑榆带来的那位男生说：“今晚你送我闺密回家，一定要牵着她的手，因为聚会散场时，天都黑了，你要是不牵好她，根本看不到她在哪。她的皮肤比夜还要黑！”

那天的聚会有十来个人，没有人觉得小葵的玩笑很好笑，可能大家都明白，拿别人的缺点开玩笑，并不是表现幽默感的最佳方式，因为嘲笑不等于幽默。

当时，桑榆的脸色已经很不好看了，小葵却完全没有注意到这一点。

接下来，小葵更加肆无忌惮，给桑榆切蛋糕的时候，她开玩笑说：“巧克力蛋糕会不会越吃越黑？你已经够黑的了！哈哈哈！”

合影的时候，小葵说：“我跟你站一起，简直就是黑白配嘛！”

唱歌的时候，小葵说：“我以前怎么没发现你五音不全，唱歌比哭还难听！”

桑榆决心远离小葵，但她不想在小葵的生日时扫她的兴。桑榆的男友受不了了，拉起桑榆摔门离去。

小葵一脸无辜地埋怨：“小心眼，不过是开玩笑而已。我这个人本来就很直率，她又不是不知道！”

显然，小葵误解了直率的含义。

直率不是肆无忌惮地用语言伤害别人。

直率不是不分场合，不顾影响，不克制情绪地乱讲话。

如果把直率和说话不经大脑画上等号，那就不可以要求所有人为你所谓的“直率”让路，接受并原谅因为你的“直率”造成的尴尬与唐突。

小葵在表现直率的时刻，无视桑榆的心理感受，她的直率伤害了桑榆的自尊，这样的直率对桑榆来说是一种攻击行为。不管以什么方式主动攻击别人，都是没有教养的行为。

无视他人的感受是不尊重他人，主动攻击他人传递的是恶意。

真正的直率建立在尊重和善意之上。

尊重他人就不会说出令人难堪的“直率话”，不会抓住他人的缺点加以嘲讽。直率的人说出的所有的建议与评价都因善意而起，而一个内心充满善意的人懂得如何包容他人的缺陷。

直率的人只会提醒腿粗的女孩“小心穿短裙着凉”，而不会直接攻击对方的缺点：“腿粗就别穿短裙。”

你的直率应当像一杯热茶，带给对方一丝暖意，而不应当像冷酷的冰水，淋湿对方的心。

用赞美调动对方的谈话兴趣

什么样的人更善于与人沟通？

大多数人在回答这个问题的时候，给出的答案都差不多。大家普遍认为口才好的人更善于与人沟通。

论沟通，人们关注的总是口才。

可是，口才再好，无法引起互动也是白搭。

在沟通时，你总是自顾自地说一通，说得再好，人家不感兴趣，沟通也没办法进行下去。你的好口才起不到引起互动的作用，也就没有继续发挥的机会了。

这就好比演员在台上表演，演技虽好，但台下的观众不买账，不为你喝彩，不为你鼓掌，甚至拒绝再次买票入场，你的好演技能秀给谁看呢？

更何况，沟通不是演讲，只顾着向别人炫耀口才，顶多可以向他人展示自己的看法，别人可以通过你说的话了解你的想法，但对方不愿意与你互动，嘴巴都不张，你怎么了解对方的观点？

沟通是一种互动形式，是人与人之间交流思想感情的过程。对方拒绝交流，即使你拥有一流的口才也只能吃闭门羹。

所以在培养口才之前，还是先关注该怎样调动对方谈话兴趣的问题吧。

虽然调动谈话兴趣的方法有很多种，但最有效、最简单，且绝对不会出错的一种，就是赞美。哪怕你面对的是一个不苟言笑的谈话对象，只要你大方地赞美他，且赞美得恰到好处，他多多少少都会给你一些回应。抓住他的回应，聊下去，气氛就会热络起来。

不过，对大部分人来说，赞美别人不是问题，怎样利用赞美调动对方的谈话兴趣倒是个问题。

如果赞美不得当，可能会适得其反。

沐子嘴巴很甜，非常喜欢赞美别人。

有一回，沐子想跟新来的同事聊一聊，因为跟人家不熟，所以不知道讲什么才能打开对方的话匣子。于是，沐子想用赞美人家的方式开启沟通之门。

对方是个女生，沐子很快就找到了对方身上值得赞美的地方。那女生头发香香的，闻起来很清新，所以，沐子说：“你头发好香，用什么洗发水，可以推荐给我吗？”

对方听了这种话，脸色变得很难看，然后就默默地走开了。

沐子不晓得自己说错了什么。都说夸人要夸到实处，不要瞎夸一通，否则会让人觉得你的夸赞很虚伪，被沐子夸的新同事头发真的很香，沐子的赞美之词是基于事实而说出来的。

难道是因为这句赞美不合人家的心意吗？女孩子都喜欢自己被夸漂亮、可爱，可是，见到每个女生都赞美人家长得漂亮，未免有些太俗气，所以，沐子才夸对方头发香，毕竟“头发香”也跟形象有关。按理说，对方听了这种赞美，应该很高兴才对，居然黑着脸走开，也太没礼貌了。

不过，沐子的另一个同事作为旁观者，倒觉得没礼貌的人是沐子，而不是那个被夸的新同事。

其实，新同事的头发很少，头皮都露出来了，头发明明是她的弱点，头发香是没错，可是发量少，有这样的缺陷，应该不希望别人关注自己的头发吧。沐子居然要人家推荐洗发水，这种“赞美”当然很没有礼貌，甚至可以说，这不是赞美，是嘲讽。

明明是想赞美人，最后却变成了嘲讽，这种事也不是第一次发生在沐子身上了。

还有一回，沐子刚搬了家，想搞好邻里之间的关系，在电梯里遇到邻居的时候，沐子夸邻居的女儿长得漂亮，结果被人家臭骂一顿。

那天，沐子夸的那个女生真的长得很漂亮，身材也很好，可是，那个女生不是邻居的女儿，而是邻居的恋人。

不要以为问题不出在沐子身上。其实，沐子只要稍微用点心，就看得出女孩不可能是邻居的女儿。因为，邻居搂着那女孩，两人之间动作亲密。

所以，说错了话，被人家臭骂一顿，说到底，也是沐子活该。

看来，即使是赞美人的好话也不能乱讲，要不然得到的回应不是被甩臭脸，就是被臭骂一顿，在这种情况下，你又怎么可能调动得了人家的谈话兴趣呢?

其实，沐子夸人的思路没问题，夸人就是要夸到实处，基于事实的夸赞之词才不会令人觉得你的夸奖太虚伪；针对不同的人群，讲不同的赞美之词也没错。女生是喜欢被夸长得好看，有孩子的人就乐意别人夸自家孩子可爱、聪明，大老板喜欢听你夸他人脉广、有本事。

可是，如果你面前的女生是个明星，天天被人称作“花瓶”，你觉得如果你很卖力地夸她漂亮，她会特别开心吗?

如果你去拜访朋友，看到桌上放着人家儿子的低分试卷，嘴上却夸：“令公子好聪明！”你觉得被你夸的那家人心里会痛快吗?

如果你拼命地夸一个生意失败的老板人脉广、有本事，恐怕他会翻脸吧。

所以，赞美人家之前，最好观察一番，揣摩一下对方想听哪种夸奖，看人下菜，才能夸到对方心坎上去，才能调动对方的谈话兴趣。

事实上，很多人在为人父母后都会这一招：发现孩子喜欢画画，就夸孩子画得好，孩子自然会跟你聊关于画画的事情，也会更喜欢画画，更认真地画画；发现孩子爱看书，就夸孩子有耐心，爱学习，孩子可能会跟你聊聊自己在书里看到了什么。

跟别人聊天，推理一下人家在乎什么，再开口去夸，用赞美击中他的心，他肯定会滔滔不绝地跟你聊被你夸奖的那件事、那个点。话题一旦被打开，真不愁没得聊。

聪明人善于了解他人喜好

当你试图拉近自己与某人之间的距离时，你会跟他聊什么话题？

不必急着回答这个问题。现在，我想说一个关于聊天的故事。看完这个故事，你可能会发觉聪明人拉近人与人之间的距离的沟通妙招。

阿邦和曹丛同在一家室内设计公司上班，两个人都是设计师，阿邦的设计方案的采纳率很高，曹丛的设计方案的采纳率却很一般。

大家都佩服阿邦的工作能力。曹丛也一样，他甚至把阿邦当作自己追赶的目标。可是，无论他怎么努力，做出的方案还是经常过不了关。

有一次，下班后，曹丛感到很疲累，一个人去了公司附近的小酒吧喝酒，恰巧遇到阿邦。曹丛虽然不想私下跟阿邦有太多交集，但毕竟是同事，实在不好掉头就走，只能硬着头皮坐下，点了一杯酒。

曹丛先打开了话匣：“我经常来这里，今天第一次碰到同事。”

阿邦说：“是吗？怎么一个人过来？”

曹丛说：“我没有女朋友，一个人在这个城市打拼，朋友不多，经常一个人喝酒，一个人吃饭。”

阿邦说：“原来你不是本地人，你的普通话说得很标准，听不出是哪里人。”

曹丛说：“我老家在南方。”

阿邦说：“那你一个人在这边肯定有很多不习惯的地方。”

曹丛说：“是啊，最不适应的是饮食。不过我住的地方还好，周围有很多南方小吃，不少南方人都租住在那里。”

……

两个人这样有一搭没一搭地聊着，曹丛的每句话几乎都在谈论与“我”有关的事情，而阿邦的每句话几乎都围绕与“你”有关的话题展开。

曹丛讲的是自己，阿邦聊的是对方。

在跟阿邦聊天之前，曹丛原以为自己跟阿邦没什么可聊的，没想到竟然不知不觉聊到了深夜。

这次畅聊过去了一个月后，阿邦拿了一盒南方小吃给曹丛，说：“我记得上次喝酒，你说你喜欢吃这个，这是我朋友送的，给你吧。”

曹丛心中一阵感动，他根本没想到阿邦会把闲聊时的话记得那么清楚。

之后，曹丛发现阿邦好像记得每个同事的喜好，而且他似乎特别热衷于了解他人的喜好。

又过了一段时间，公司接了一个特别难搞定的单子，客户对设计方案始终不满意。

阿邦把这事儿揽下来了，他去征求客户意见的那天，曹丛提出自己想一同前去的请求，阿邦同意了。他心里也很清楚，曹丛提出跟自己一起去客户那儿，说白了，就是想“偷师”。

阿邦没那么小气，他同意曹丛跟自己一同前去。

到了客户的居所，客户还没说几句话，曹丛就滔滔不绝地介绍起自己，包括自己毕业的院校，自己擅长设计的户型，以及在业内得过哪些奖，并表达了自己的想法。

客户听了曹丛一番陈述，似乎还是有些质疑曹丛的能力。

阿邦一直没开口，见曹丛打动不了客户，这才说出自己的看法：“来之前，我看过您的要求，您希望我们的设计以浅色为主，但您不喜欢白色或米色为主的墙体。您是不是喜欢低调但又不失风格的设计？”

客户收起了不耐烦的神色，看着阿邦，似乎期待他继续说下去，阿邦又说：“不如选择薄荷绿，怎么样？”

说着，阿邦拿出了色卡，把自己口中的“薄荷绿”展示给客户看。

客户点了点头，阿邦又说：“如果您的房子交给我设计，阳台我会保留下来，不会打通。而且，我会在阳台上搭建一座狗屋。”

说到这里，客户立刻点头同意签合同了。

曹丛琢磨了半天也没明白，为什么客户还没看到阿邦的设计图纸就同意签合同了。在回公司的路上，曹丛实在憋不住，开口问道：“你怎么知道那客户会看中薄荷绿，她没有在要求中明显提到这一点，而且你怎么想到要在阳台建一座狗屋的？你只说了这两点，为什么她就立刻同意把房子交给你设计了？”

阿邦说：“她的衣着很简单，不浮夸，却包含当下的流行元素，喜欢这类服饰的人当然不会接受颜色艳丽的墙体……”

曹丛插话道：“这是肯定的，她在要求里说了，整体设计要以浅色为主。”

阿邦摇摇头，道：“那你说，白色和米色也是浅色，她为什么不喜欢白色和米色的墙体？”

曹丛蒙了，阿邦说：“你没有注意到她的衣服和鞋子上有一些极具个性的小设计。也就是说，虽然她的衣着低调，但她是一个追求个性的人。薄荷绿颜色很浅，但比起白色和米色的墙壁，要有个性得多。我没有选粉色或天蓝色，虽然这两种颜色也很浅，但这两种颜色少女感比较强，她的着装偏中性，应该不喜欢少女感很强的颜色。”

曹丛听到这里，不禁暗自佩服阿邦的观察力，急切地再度追问道：“可以解释一下狗屋是怎么回事吗？”

阿邦笑笑，说：“她裤子上有狗毛，我猜她应该养了狗。其实我也不确定搭建一座狗屋，她会不会满意，只是说出来试试看，没想到她同意了。这也算是我运气比较好吧，毕竟，不是所有养狗的人都愿意在房子里建一座狗屋。我也是误打误撞。”

曹丛见阿邦那么谦虚，连忙说：“就算这一次是运气好，也不得不承认，你的工作能力的确很强。我知道我的问题出在哪儿了，我在跟客户沟通的时候，只顾着说自己的想法，很难充分了解他们的需求和喜好，所以设计出来的东西不容易被采纳，而你是根据客户的喜好做设计的，难怪采纳率会那么高。”

阿邦笑笑没说话。

两人走了一会儿，曹丛忽然又想起些什么，他说：“我知道为什么大家对你的印象都那么好了，因为你善于了解他人的喜好。你好像和任何人都能聊得来，可能跟人聊天的时候，你总能做到投其所好吧。”

听了这个故事，你知道聪明人是用什么方法拉近人与人之间的距离了吗？

很多时候，大部分人与别人聊天，总会刻意表现自己某方面的优势，想以此来吸引对方的注意。

可是，要知道，除非对方对你有好感，否则，对方并不关心与你相关的事情，因为对方也和你一样，想在你面前展现自己的优势。

所以，聊天的时候总是以“我”开头，又或者总是讨论与“我”相关的事情，很有可能会把话题聊死，又或者无法引起对方的兴趣，甚至给对方一种没机会发言、没机会展现自我的感觉。

想要拉近人与人之间的距离，试着从与“你”相关的话题入手，了解对方的喜好，投其所好，对方可能会更感亲切，更愿意与你长谈。

适当给予对方关怀，让聊天充满人情味

想跟别人好好沟通的人大多喜欢看谈话节目或脱口秀，在看这类节目的时候，脑子里不免会想：如果跟名人谈话的人是我，我会说些什么？如果我是表演脱口秀的那个人，我该怎样吸引观众的注意？

说到底，大家都想在谈话中展示自己优越的口才和聪慧的头脑。

但生活中的沟通，跟谈话节目或脱口秀不一样。站在台上表演的人，关键的是秀出自己；面对面跟人谈话，恐怕不该把对方当观众对待。

只想让人家看你表演，只在乎自己的表演是否完美，很容易忽略对方的感受，跟你沟通的那个人会觉得自己没有得到足够的重视，对你的好感度自然就降低了。

反之，在沟通的时候，讲话不要太生硬，带上情感色彩，适当给予对方关怀，让聊天充满人情味，提升自己在对方心目中的

好感度，彼此之间的沟通会更顺畅。

不信?

看看尼克是怎样沟通的，你就知道让聊天充满人情味有多重要了。

尼克带娇娇去喝咖啡，精心挑选了适合聊天的咖啡屋。

尼克对娇娇很有好感，想借约会进一步了解她，也在她面前好好表现自己。

到了咖啡屋，尼克很认真地挑选咖啡和甜点，专心致志地研究菜单，认真地跟侍者讨论咖啡。

搞定一切后，尼克还很认真地对娇娇解释自己选这家咖啡屋的原因。好不容易，咖啡和甜点都端上来了，尼克又开始认真地品咖啡，跟娇娇大聊特聊咖啡文化，顺便向娇娇介绍了一下这家咖啡屋自制的甜点有哪些特点，那副样子好像一位美食评论家。

尼克只是想让娇娇知道，自己很懂咖啡，对美食也颇有研究，借与侍者讨论的过程展现自己点餐的品位，顺便借聊咖啡文化展现自己的知识储备量。

这么做真的能提升他在娇娇心中的好感度吗?

或许吧。只是，尼克的做法让整场约会的气氛变得冷冰冰的，一点也没有甜蜜感。

尼克说了很多话，没有一句话与娇娇相关，他甚至不确认一下娇娇是否对咖啡文化感兴趣。这场沟通对娇娇没什么意义，她可能会有一种莫名其妙的感觉，她不晓得这个人为什么要把自己带到咖啡屋，然后一个劲地聊咖啡。说不定，她还会怀疑尼克是个咖啡推销员。

约会，就要甜蜜，就要轻松。尼克讲话的时候好像在背诵咖啡大全，这样的他更像一个咖啡推销员，而不是认真享受约会的男生。

所以，尼克那天的表现只让娇娇意识到他是一个懂美食、懂咖啡的人，或许娇娇也会觉得他很有品位，但娇娇却没有看出来他对她有好感。

如果尼克在聊咖啡的时候，适当地给娇娇一点关怀，就能同时完成两项任务——让娇娇感受到自己对她的重视，以及向娇娇展示自己的品位。

愉快的沟通是充满感情色彩，是带有人情味的。让对方充分感受到你的重视与关注，对方有了存在感，才有沟通参与感，才愿意跟你继续沟通下去。

尼克本可以表现得更好。比如，在介绍几种咖啡前，可以先跟娇娇说："其实，今天安排喝咖啡是因为我不知道你是喜欢喝咖啡还是喝茶，有点自作主张了，希望你不要介意。"又或者，在娇娇吃东西的时候，帮她递一下纸巾，让她知道他一直在关注她。

也可以在说完自己想讲的话后，问一问娇娇的意见，说一句“你怎么看”真的没那么难。

问“你怎么看”可以让对方知道，原来你关心他的想法。

要不然，无论你是安排喝咖啡还是吃饭，又或者安排一起逛画展，或是看电影，自顾自地选定沟通场所，确定了可以一边沟通一边共同体验的活动项目，再单方面确定了聊天的话题，自己兴奋得不行，人家肯定会觉得你是以喝咖啡、吃饭，看画展或看电影为重，而不是以他为重。

这样子的沟通根本不是真正的沟通，对方找不到存在感，会觉得自己只是陪你去喝咖啡、吃饭，看画展或看电影而已，这些事情本来可以由你一个人完成，拉人家来陪你，谁愿意乖乖当可有可无的陪伴者呢?

所以，沟通时应当时不时地向对方表达关怀，让人家知道，你重视的是沟通对象，而不是沟通时进行的那项活动。

满足对方的倾诉欲，聊天才能更顺畅

你还记得前文中提到过聊天时有人习惯用“你”字开头，而有人却习惯用“我”字开头吧？

其实，讲话的时候，习惯用“你”字开头的人比较少，大部分人都习惯用“我”字开头。

“我发现自己又胖了两公斤，应该好好减肥了。”

“我昨晚加班到深夜两点，因为没有睡好觉，今天脸上都爆痘了。”

……

大部分时候，这些以“我”字开头的话对倾听者来说，是没什么意义的。

即使，听你讲话的那个人很想了解你，在听到你讲述个人遭遇时，同情你的不幸，又或者在你表达观点的时候，与你产生了共鸣，也最多只能给出几句简单回应，接下来就想尽快聊聊自己的感觉了。

你该不会指望人家一直任由你滔滔不绝吧？

植美觉得最理解自己的朋友是佩佩，而不是蒂娜。

其实，植美和蒂娜在一起的时间比和佩佩在一起的时间更长。而且，蒂娜帮了植美很多忙，有些事，佩佩做不到。

但植美更喜欢跟佩佩聊天，这是因为植美不识好歹吗？

其实，如果你是植美，你也会更喜欢跟佩佩聊天。

植美与大多数人一样，聊天的时候，习惯用“我”字开头。跟佩佩聊天，她自然也是一样，每一句话都是在聊自己。

“我跟你讲，我换了一瓶面霜，新面霜特别适合我。你看，我的皮肤状态是不是比以前好多了？”

“我前男友这几天老是给我打电话，我怀疑他想跟我复合。”

“我的狗怀孕了，我都不知道该怎么照顾怀孕的狗。”

……

不管佩佩对植美讲的事情感不感兴趣，她都会在植美说话的时候注视着植美，一副认真倾听的样子，让植美产生了一种满足感，这也是植美喜欢跟佩佩聊天的原因。

跟佩佩相比，蒂娜显然不是一个合格的倾听者。

如果植美把对佩佩说的话讲给蒂娜听，在通常情况下，她们的聊天过程是这样的：

植美说：“我跟你讲，我换了一瓶面霜，新面霜特别适合我，你看，我的皮肤状态是不是比以前好多了？”

蒂娜会说：“我很久没有换面霜了，也正考虑换呢。上周我跟表妹逛街，本来想买面霜，结果买了一瓶卸妆水，那个推销员也太会说话了，你知道我这个人耳根子软……”

植美问蒂娜自己的皮肤状态是不是变好了，她想聊的是跟自己有关的事情，不想听蒂娜说跟表妹逛街的事，更不在乎蒂娜的耳根子是不是很软……蒂娜把话题扯到自己身上，这样的表现根本不符合植美的期待，植美有点嫌弃蒂娜讲太多和蒂娜自己有关的话。

如果植美说：“我前男友这几天老是给我打电话，我怀疑他想跟我复合。”

蒂娜会说：“我觉得分手了就应该断得彻底。你知道三个月前，我也跟男友分手了，他来找我复合，我直接就拒绝了，因为我很清楚，经历了分手，两个人就算复合了，感情也不会恢复到之前那样……”

植美告诉蒂娜前男友老是打电话给自己，怀疑前男友想跟自己复合，可能只是想让蒂娜知道就算自己目前是单身，也不代表自己没人爱，蒂娜却大谈她自己的爱情观。

如果植美说：“我的狗怀孕了，我都不知道该怎么照顾怀孕的狗。”

蒂娜会说：“我从来没有养过狗，因为我觉得养狗很麻烦。再说，我觉得花时间照顾小狗倒不如花时间看电影。说起来我看了一部电影，很有意思……”

植美告诉蒂娜自己家的狗怀孕了，并不是想向蒂娜求教照顾怀孕小狗的方法。植美和蒂娜是朋友，植美怎么会不知道蒂娜没有养过狗呢？她只是想跟蒂娜聊一聊发生在自己身上的事，蒂娜却扯到自己看了什么电影。这种事，植美并不关心。

总之，每次植美和蒂娜聊天，蒂娜都满足不了植美的倾诉欲。尽管植美发起的话题与她自己有关，但蒂娜总能把话题引到自己身上。植美找蒂娜聊天，只想倾诉，不想倾听，蒂娜大谈特谈个人感受的时候，植美会觉得很无聊，只想尽快结束谈话。

所以，你看出来了吗？植美更喜欢和佩佩聊天而不喜欢和蒂娜聊天的根本原因在于佩佩能满足植美的倾诉欲，蒂娜却做不到。

可能你会觉得，为了跟别人聊天，忍受各种与自己不相干的话题，任由人家畅所欲言，实在很没劲，这样的沟通不要也罢。可是，你会这么想，别人的想法也是一样的，人家也不想听你讲太多“废话”啊！

希望能顺畅沟通，就多给别人一些讲话的机会，满足对方的倾诉欲，对方才愿意经常与你沟通。

做到这一点并不难，你可以像佩佩一样，在别人讲话的时候，注视着对方，认真地倾听，偶尔给一些回应，表示你把他的话都听进去了。

反之，我们最好不要像蒂娜那样努力把话题扯到自己身上，并把抒发个人感受当成回应。因为其实很多人在倾诉的时候，只想把想说的话说出来，并不是很在意对方的感受。

要是别人真想听你的感受，他一定会说："如果你是我，你会怎样？"听到这样的话，再表达你的看法，对方才不会觉得你说的话很没劲。

若你实在忍不住要在聊天的时候聊聊自己，可以在满足对方的倾诉欲后，适当说说自己的看法，一两句简短的点评就足够了。记得说完个人观点后多加一句："你觉得我的想法可行吗？"用这句话把话题抛回去，让对方畅所欲言，聊天就会更顺畅了。

越鼓励，越有希望

阿音和黛佳同在一家连锁家居店工作，她们都是店长。

阿音负责A店，黛佳负责B店。在同城的五家连锁店中，A店的月销售量总是排名第一。

每年年底，公司都会进行新一轮的店长评选活动。阿音已连任了五年店长。黛佳只做了一年店长，还做得非常吃力，她担心年底的时候公司会降她的职，于是，临近年底，她虚心向阿音请教管理方法。

阿音把自己的管理笔记拿给黛佳看，黛佳发现阿音的管理方法跟公司提供的一模一样，没有什么特别之处。

黛佳怀疑阿音还藏了一手，但又不便直说，只能打消让阿音指导自己的念头。

阿音看穿了黛佳的心思，她大方地说："这样吧，你跟我说说，周一开店会的时候，你通常会对店员说什么？"

黛佳说："每周开店会时，我都会批评上周没有认真工作的店员，并提醒他们一定要把货架整理好，货品上的灰尘要擦干净……反正，就是对他们提出一些要求。”

阿音点头表示认可：“原来你把公司的制度记得那么牢，做得真的很棒，继续加油啊。”

黛佳听到鼓励，说得更起劲了：“对呀，公司的所有制度我都烂熟于心，如果店员违反了规定，比如没有穿制服，或是工号牌戴歪了，我都会严厉地批评他们，希望他们能做得更好一些。你平时是不是也对店员有这类严格的要求？”

阿音没有急着回答黛佳的问题，她继续鼓励黛佳：“都说细节见分晓，你把细节工作做得那么到位，提升业绩应该不成问题。不过，我还想问你一些问题，可以吗？”

黛佳点头示意阿音发问。阿音说：“你可以说说顾客购物的时候，如果能提供服务的店员不够，你会怎么为顾客提供服务吗？”

黛佳听到这样的问题，立刻否定道：“你不该考虑怎样亲自为顾客服务，要知道，你可是管理人员，这些事情应该由店员来做。如果能提供服务的店员不够，那问题肯定出在管理上，你应该提升店员的服务效率，而不是亲自为顾客服务，这才是店长该做的事。”

阿音笑了笑，说：“你说得很在理，各司其职的确非常重要。”

黛佳发现阿音只是在鼓励自己，却没有指出自己存在的问题。但她很清楚，如果管理方式没问题，B店的月销售量不可能比A店的低那么多，毕竟B店处在市区最繁华的地带，人流量非常大，按理说，这项优势对提高销售量是很有帮助的。

所以，黛佳开始反思了，过了一阵子，才喃喃地说：“我觉得我刚才说的观点可能也不是百分之百正确的，店长和店员要各司其职，可是，在顾客多的时候，我应该主动去为顾客服务，这样才不会怠慢顾客，销售量才会提高。是这样吗？”

听了黛佳的话，阿音立刻说：“我发现你真的很厉害。你很善于自我检讨，这是一个了不起的优点。要知道，大多数人只看得到别人身上的问题，却看不到自己身上存在的问题。今年年底你肯定不会被降职，B店的下一任店长还是你。”

黛佳被阿音鼓励得有点不好意思了，这才说了实话：“其实，我不喜欢亲自和顾客沟通，因为我发现顾客不愿意接受我的意见。”

阿音饶有兴趣地问道：“怎么会呢？你都能胜任店长的工作，又怎么会完成不了店员的工作呢？说说看，你是怎么为顾客提供服务的？”

黛佳说：“为顾客服务的时候，我真的很用心。我会提醒他们，选家居用品时要选适合自己的，不要选最贵的，看到顾客乱买东西，我会忍不住给他们提建议，这样做应该没错吧？我是站在顾客的角度思考问题的，可惜大部分顾客不吃这一套。”

阿音说：“我发现，你非常善于销售，销售不是盲目推销，而是要按需推销。是的，我们应该站在顾客的角度思考问题，让他们买他们应该买的东西……”

这一次，阿音的鼓励还没有讲完，黛佳就忍不住插话了：“你老是鼓励我，为什么不否定我呢？”

阿音笑说：“因为你有很多值得鼓励的优点啊。”

黛佳沉默了一会儿，若有所思地说：“我知道我跟你不一样的地方在哪儿了，你喜欢鼓励人，我却喜欢否定人，我否定顾客的眼光，否定店员的工作方式，我总看到他们不足的地方，却很少像你一样去鼓励别人。我们差别不在管理方式上，而在沟通能力上。”

阿音忍不住为黛佳的悟性拍手叫好：“对呀。你哪里需要我来指导，你比我聪明多了，很快就发现了自己的问题。其实作为店长，最重要的职责就是与人沟通，不仅要跟店员沟通，还要跟顾客沟通。能把沟通这项任务完成，工作就成功了一半。”

黛佳补充道：“沟通成功的秘诀在于鼓励，越鼓励，才越有希望。”

是的，黛佳说得没错，鼓励就是好好沟通的秘诀。

无论你面对的是熟人还是陌生人，想要跟对方好好沟通，就要善用鼓励。

鼓励你熟悉的人，对方会按你的期待认真做事，而鼓励陌生人，能有效促进二人之间的沟通，达到开口就赢的沟通效果。

在鼓励方面，黛佳的确比阿音差劲。

面对熟悉的店员，阿音会给他们很多鼓励，比如店员认真整理了货架，阿音会鼓励他们继续加油。

黛佳却觉得整理货架是店员的职责，认真整理货架，只不过是尽自己的本分，没什么值得鼓励的。

面对陌生的顾客，阿音一样会用鼓励的方式促进双方之间的沟通。比如，带着孩子的顾客选了一条价格不菲的沙发巾，阿音在称赞顾客有眼光的同时，还会鼓励对方认真看看说明书，阿音知道读了说明书后，顾客会发现那条沙发巾不耐脏，不适合有小孩的家庭使用。

黛佳则会直接否定顾客的选择："你不应该选这条沙发巾。它的颜色太浅了，如果你家孩子把果汁洒到上面，会很难清洗。它很贵，又不能机洗。买了它，你一定会后悔。"

阿音懂得利用鼓励让店员更用心地工作，并引导顾客选择合适的商品，黛佳则喜欢用否定的方式指明店员身上的缺点，指出顾客挑选商品时忽略的问题。

遇到问题的时候，阿音只要动动嘴鼓励鼓励别人就能把问题解决，黛佳忙前忙后，又是亲自为店员做示范，又是亲自帮顾客挑选商品，事情却还是办不好。

其实，连任了五年的店长，阿音怎么会不知道店员身上存在哪些毛病呢？她只是不喜欢直接否定店员罢了。

黛佳向阿音求教管理方法的时候，谈论到每周开店会的情形时，阿音就知道黛佳的问题出在哪儿了，但她还是愿意鼓励黛佳，而不是否定黛佳。

黛佳牢记公司的规章制度只不过是尽了店长的本分而已，这和店员尽职尽责地整理货架没什么区别，阿音却认为这一点值得鼓励。

这和大人鼓励小孩完成一件简单的事情是一个道理。孩子会自己吃饭，大人就会鼓励孩子："你能自己吃饭了，真棒！"听了鼓励的孩子，下一次会更认真地吃饭。

你不会觉得大人不应该鼓励小孩完成一件简单的事，因为你知道，孩子听到了鼓励，会为了得到更多鼓励去重复良好的行为。为什么不把这个方法用到与成人沟通上呢？

其实大多数人做一件正确的事，并展示给你看，不是为了听你的点评，而是为了得到你的鼓励。这种时候不如顺水推舟，用鼓励带给对方一份愉快的心情，让对方在愉快的情绪下与你沟通，这样，沟通就会更顺畅。

如果实在说不出鼓励的话，可以试着从给别人发的微信朋友圈状态点赞开始，鼓励那些努力健身、努力阅读的朋友，相信他们得到了你的鼓励，会更乐于与你交流，也会更认真地重复良好的行为。

第二章

承认自身情绪，引发他人共鸣

沟通是本书讨论的核心。

沟通是什么?

部分人可能会把沟通理解为讲道理。

随便打开一本字典，就可以看到沟通的定义——沟通是人们分享信息、思想和情感的过程。

从定义来看，沟通绝不只是讲道理这么简单。

道理可以是生硬的，可以是不带感情色彩的，如果，把沟通简单看作讲道理，可能无法达到交流思想和情感的目的。

一个人内心所产生的思想是以性格及个人经历为基础的，而一个人内心产生的情感又与思想、情绪相关。

如果，沟通时忽略了情绪的存在，只是一味地讲道理，可能无法很好地向沟通对象传递自己的思想情感。

沟通的时候，每个人都会产生情绪，不少人为了能够和他人顺畅沟通，会把关注的重点放到对方的情绪上，甚至认为照顾好对方的情绪是情商高的表现，并认为情商高就等同于可以彻底掌控自我情绪。

产生这种想法的人把情绪当成自己的敌人，甚至把情绪看作洪水猛兽，生怕控制不好个人情绪，在别人面前暴露了坏情绪，自己就会成为他人眼中的怪兽。

其实一个有血有肉的人不可能百分之百把控自己的情绪，任何人都是有情绪的，你的沟通对象有情绪，你自己也会有情绪。重视情绪，不仅仅要重视对方的情绪，也要承认自己是一个有情绪的人。

承认自己有情绪，才愿意跟自己的情绪相处，进而才能做到与别人的情绪好好相处。接受自己是一个有情绪的人，反而更容易令沟通富有自主性，而不是在沟通中唯唯诺诺地接受别人的思想与情感，成为一只没有办法传递个人思想与情感的应声虫。

共鸣是沟通的润滑剂

英国人聊天的时候喜欢拿天气做引子。

大晴天，会感慨："今天天气真好啊！"

雾霾天，会抱怨："天气真是糟透了！"

英国人喜欢谈论天气，当然不是因为他们对天气格外感兴趣，这跟国内聊天老用"吃了吗"做引子一样，不过是一种聊天习惯而已。

与人攀谈，总要找些话题来聊，除了谈论天气和问人家"吃了吗"以外，好多人会选择与他人聊娱乐八卦、体育赛事、社会新闻等大众普遍愿意接纳的话题。

以上几招非常好用，不过有时候，即使找到了沟通对象愿意接纳的话题，如果不重视情感交流，聊天时的气氛也会变得死气沉沉，要是恰巧碰到心情不太好，又或者个性沉闷，不喜欢跟人聊天的人，还试图用前面提到的那几招打开沟通大门，聊天可能就会变成一问一答的乏味循环。

找话题只是确定了聊天内容而已，想要让聊天的气氛“活”起来，还是得学会引导他人产生共鸣情绪。

一般而言，引导他人产生共鸣情绪可分为两种情况：一种为消极共鸣情绪引导，另一种为积极共鸣情绪引导。

两种共鸣情绪引导是可以互相转换的，如果想让情感交流达到最佳状态，可以试着将消极共鸣情绪引导转化为积极共鸣情绪引导。

麦基就非常擅长引导与他人与自己产生共鸣，且很善于将消极共鸣情绪引导转化为积极共鸣情绪引导。

麦基是健身教练，柯岩是麦基的新学员。柯岩刚办健身卡的那几天，情绪不太好。麦基注意到了这一点，在指导他健身的同时，刻意地跟他聊天。

麦基问：“你好像不是很开心。”

柯岩说：“还好。”

麦基说：“感觉你心情很差的样子。”

柯岩说：“还行，马马虎虎。”

麦基说：“看你无精打采的，一点劲儿也没有，太累的话就先休息一下吧。”

柯岩苦笑了一下，无奈地说：“是啊，上了一天班，已经够累的了，偏偏还得不到领导的认可，真够郁闷的。”

麦基拍了拍柯岩的肩，说：“是啊，受累算不了什么，怕就怕吃力不讨好，这确实令人恼火。”

柯岩叹了口气，说：“看来你很理解我此时的心情。”

麦基说：“很多来这儿健身的人都跟你一样，被工作折磨得喘不过气来。我也常常会想，要是不用工作就好了，如果有机会放个长假，跟朋友出去玩一玩，心情一定会好很多。”

还没等柯岩接话，麦基又说：“对了，要是明天你就可以放长假，你会去哪里放松心情呢？”

柯岩说：“要是真的有长假，我肯定立刻跑去海边度假，晒晒太阳，游游泳，不用想工作上的烦心事，肯定非常痛快。”

麦基笑道：“游泳和室内健身都是运动，运动会让身体比较累，但却能放松心情。不信的话可以试着加大运动量，出一身汗，回家就只想睡觉，根本没力气想那些烦心事了。”

柯岩说：“好吧，我这就试试看。谢谢你啊，跟你聊天，心情舒畅多了。”

在聊天的过程中，麦基与柯岩产生了情绪共鸣，正因为如此，柯岩才会对麦基说自己的心事，两人也才有话可聊。

引导共鸣情绪的第一步是要关注并接受聊天对象的情绪。

麦基注意到柯岩的情绪不太好，并没有直接询问他产生坏情绪的原因。

要与聊天对象产生情绪共鸣，又或者试图引导对方与自己产生情绪共鸣，应当关注的是对方的情绪，而不是引发情绪的事件。

可以看一下麦基对柯岩说的前三句话：

“你好像不是很开心。”

“感觉你心情很差的样子。”

“看你无精打采的，一点劲儿也没有，太累的话就先休息一下吧。”

这三句话都是对柯岩的情绪状态的描述。这表示麦基正在关注柯岩的情绪。

当柯岩说出工作上的烦心事使自己不开心时，麦基说：“是啊，受累算不了什么，怕就怕吃力不讨好，这确实令人恼火。”

麦基用这句话表达了自己对柯岩情绪的认同，他的意思是，我已经了解令你产生这种情绪的原因了，你会因此产生坏情绪是理所当然的。

其实，一个人在心情不好的时候，更加希望得到他人的认可，只有情绪被他人接纳后，才愿意跟对方聊下去。

麦基并没有评价柯岩是对是错，也没有评价柯岩的领导是对是错，因为他不了解整件事的具体情况。如果直接评价柯岩是对的，有曲意逢迎的意味，会让柯岩觉得他很虚伪；如果直接评价柯岩的领导是对的，柯岩的情绪得不到认同，他很可能会拒绝与麦基聊下去。

麦基肯定了柯岩情绪的起因逻辑，他表示自己理解柯岩会因为“吃力不讨好”而不开心的那种心情。这是在向柯岩表达自己的情绪共鸣。

二人之间产生了共鸣，柯岩感受到来自麦基的情绪关注，在情感上有了交流，聊天气氛自然“活”了起来。

麦基用关注柯岩情绪的方式引导柯岩说出产生坏情绪的原因，然后，麦基表达了自己产生的共鸣情绪，到此，仅仅是完成了消极情绪共鸣而已，这么做是为了帮助柯岩释放负面情绪。

接下来，麦基开始对柯岩进行积极的情绪引导。

麦基说：“我也常常会想，要是不用工作就好了，如果有机会放个长假，跟朋友出去玩一玩，心情一定会好很多。”

麦基说这番话是在向柯岩描绘一种美好的体验，他站在柯岩的角度，推断对方当下的情绪状态对应的积极情绪会是怎样的，进而根据对应的积极情绪引导对方畅想美好体验，带对方走出负面情绪的阴影。

麦基在话语中加入了“我也常常会想”这几个字是为了引导积极情绪共鸣。

而后，麦基又鼓励柯岩加大运动量，并引导他用室内健身替代自己憧憬的游泳，以运动的方式化解坏情绪。

最终，柯岩表示跟麦基聊天后，自己心情舒畅多了。

这便是引导他人产生共鸣，并将消极共鸣情绪引导转化为积极共鸣情绪引导的全过程。你学会了吗？

学会自主性沟通，让对方说出你要的结果

说到情感交流，不少人都认同“承认自身情绪”这点。不过，一些人比较容易陷入“承认自身情绪”的误区。

森雅以为承认自身情绪等于只关注自身情绪。这便是“承认自身情绪”的一个误区。

森雅认同沟通中不能一味接纳别人的思想与情感的观点，她觉得与人沟通时，应当暴露自身情绪，尽可能表达自己的思想和情感，如是，沟通才会更富自主性。

所以，森雅在跟人说话的时候，讨论到与对方相关的话题时，她总喜欢用“我觉得，你应该……”的句式。

试想一下，如果跟你沟通的人老是告诉你，你应该怎么做，且对方提出的观点与你的观点相悖，你会立刻接纳对方的建议吗？

比如，你告诉一个人，你想在周末来一次短途旅行，对方却对你说：“我觉得，你应该待在家过周末。”

你的第一反应是接受这个建议，还是会对此产生怀疑或抵触

情绪？

其实，大多数人听到与自己意愿相悖的建议时，第一反应并不是接受对方的建议，而是思考对方为什么会提出这样的建议，对方的建议是否对自己有益。如果认为自己没有必要听从对方的建议，即刻就会产生抵触情绪。

作为一个独立的个体，每个人都会有自己的思想和情感，对待任何事物会产生自己的看法。

思想再相近的两个人，也仅仅是思想的交集区比较广而已，不可能会出现所有思想完全重叠的状况。

沟通的时候，你想说出自己的看法，渴望得到对方的认可，甚至希望对方能全盘接受你的观点，其实，对方也会有同样的想法。

人人都希望沟通充满自主性，在沟通的过程中，尽情发表个人观点，表达自己的思想和情感。如果沟通对象的思想、情感和自己的相悖，就会不由自主地尝试说服对方，从而实现观点达成一致的目标。而这种一致观点是以自己的观点为基础的，而不是以对方的观点为基础的。

如果你既想让沟通充满自主性，又希望实现双方观点达成一致的目标，未必需要强硬地说服对方，或许可以试着用一些巧妙的方法达成这个目标，比如，引导对方说出你想要的结果。

森雅的男朋友柏良从不和森雅唱反调。

有一回，森雅对柏良说："我觉得你应该在周末做一份兼职，而不是跟朋友出去踢足球。"

柏良点点头："说得有道理。不过，我发现自从出去踢球后，我的身体好了很多，已经半年都没感冒过了。你也知道以前我经常感冒，几乎每个月都要请假，请假一天要扣三百块，发烧的时候请三四天假再加上打针吃药，怎么也得一千多块吧……"

柏良话还没说完，森雅就改口了："是啊，你半年都没感冒过了。算了，周末的兼职赚不了多少钱，你还是跟朋友踢球去吧，身体好，不请假，就算是赚了。"

还有一回，柏良希望森雅能陪自己去参加同学聚会，森雅说："不行，我不想跟你去参加什么同学聚会，我觉得，你应该找个借口推掉，陪我逛街难道不比参加同学聚会有趣吗？"

柏良笑着说："是啊，我也觉得咱们单独约会更有意思。其实，我不喜欢参加同学聚会，有几位老同学总说要给我介绍女朋友，我跟他们说了多少遍自己已经有女友了，他们就是不信，明天不去参加聚会，不跟他们碰面也好，省得烦。"

听了柏良的话，森雅说："改天再逛街吧，明天我跟你去参加同学聚会。"

总之，每一次森雅对柏良说"我觉得，你应该……"的时候，柏良总有方法改变森雅的想法，引导森雅说出自己想要的结果。

其实，柏良本可以像森雅一样来一句：“我觉得，你应该……”如果他口才够好，是可以说服森雅的，可是那样做的话，就会剥夺森雅发挥自主性的权利，仅仅达到保留自身的自主性的目的而已。

柏良引导森雅说出自己想要的结果，既给了森雅发挥自主性的机会，又保留了自身的自主性，最终双方的观点还达成了一致，岂不是做到了两全其美？

不得不说，柏良的沟通方式值得大家学习。

如果你跟森雅一样，在说话的时候老是喜欢用“我觉得，你应该……”这类句式，务必要戒掉这个毛病，因为用这种方式说话，要达到观点一致的目的会比较困难。

如果别人对你说了这种话，也不要急着跟对方争辩，即使你对自己的口才充满自信，也别这么做，否则会让对方产生一种你拒绝接受他的观点的想法。

在保留自身自主性的同时，请给对方充分发挥自主性的空间，引导对方说出你想要的结果，才能更顺畅地在愉快的氛围中达到观点一致的目的。

站在他人的立场去想，赢得对方的信任

随着智能手机的普及，很多年轻人都为父母轻信网络谣言而感到头痛不已。很多年轻人都与父母就这个问题进行过严肃的沟通，但并没有什么效果。

小乌也为同样的问题感到困扰。

小乌是一名医学教授，曾经在很多医学杂志上发表过论文。小乌的父亲老乌经常在外吹嘘自己的儿子有多么了不起，可以说，老乌以儿子为傲。

按理说，老乌应该对儿子的话深信不疑，至少在医学方面，理应如此。可实际上，老乌宁可相信网上流传的医学谣言，也不信儿子的忠告。

老乌喜欢转发各种没有科学根据的养生文章，这种时候，小乌会耐心地跟老乌讲："那些东西信不得。"

老乌拼命维护自己坚信的谣言，虽然找不到可靠的依据推翻小乌的说法，但很明显地表现出自己对小乌的不信任。

小乌相信只要晓之以理，就能赢得父亲的信任，于是，他耐着性子对老乌解释那些谣言“信不得”的原因。可是，小乌还是失败了，他说服不了父亲远离那些伪科学，他也不知道问题究竟出在哪儿。

不过，有一个人非常信任小乌，那个人就是小乌的妻子芳妮。

只要是小乌给出的医学建议，芳妮必定会执行，芳妮甚至把小乌视为私人营养师、健身教练、养生专家……

小乌不知道妻子为什么如此信任自己。

有一回，小乌想做一个关于信任感的实验。他故意告诉妻子，某位医学专家近期发表的言论是错误的，实际上，小乌很清楚，那位专家的言论绝对可靠。

为了证明自己的观点可靠，小乌准备了一大堆说辞，这堆说辞足以说服一个不具备医学知识的人，比如妻子芳妮。

可是，小乌精心准备的说辞根本就没有派上用场，因为在他告诉妻子专家的言论不可信时，妻子立马就相信了他，他根本用不着对妻子讲解为什么专家的言论不可靠。

小乌明白了，信任感是一种很玄妙的东西，它只是一种模糊的感觉。

小乌开始思考妻子无条件信任自己的原因。

小乌发现妻子对自己的信任不仅限于医学方面，在其他事情上，妻子也给予了他百分之百的信任。

人与人之间的信任肯定不是凭空而来的，小乌认为一定是自己做过些什么，又或者说了些什么，才得到了妻子的信任。

回想以往两人相处时的情形，小乌似乎明白为什么自己能得到妻子的信任了。

每一次家里要做重大决定的时候，小乌都会站在妻子的立场上发言。

比如，买房时，小乌提议房款由自己出，户名落到妻子头上。小乌知道妻子是一个极度缺乏安全感的人，这么做才能让她安心。

再比如，妻子失业时，跟小乌商量重新就业的问题，小乌说："不必着急，钱的事不用担心，我把工资卡交出来，你想怎么花就怎么花，关键是要找到适合你的工作。"

每次两人沟通的时候，小乌都站在妻子的立场上想问题，所以，他获得了妻子的信任。

想明白这一点，小乌决定不再用晓之以理的方式取得父亲的信任，他开始试着站在父亲的立场上考虑问题。

小乌把父亲转发的所有养生文都看了一遍，发现大部分文章的标题中都带有这样的字眼——"医生说……""99%的医生都……""医学专家声称……"

看来，父亲比较信任从医人员的理论，这不难理解，从医人员代表了医学领域的权威，父亲信任权威，这点跟大多数人一样。

可问题是小乌就是医学教授，父亲为什么不信小乌的话呢？

小乌决定在信任感建立起来之前，不再跟父亲聊与医学、养生相关的话题。他开始关注父亲的微信朋友圈，并把之前的微信群解除了屏蔽，那个群是父亲建的，里面有父亲的朋友们。

开始接收群消息后，小乌发现其实群里最活跃的人是老乌，就数他转发的养生文多。每次，只要老乌发文章，都会引来其他人的赞赏。

有人说："看人家老乌，儿子是医学教授，就是跟咱们不一样，了解的养生知识可多了。"

还有人说："别人发的文可以不信，老乌发的一定要信。老乌的儿子是医学教授，老乌发的肯定都是好东西。"

这回，小乌似乎知道父亲为什么喜欢转发那些文章了？原来父亲享受的是被夸奖的感觉。

仔细一想，小乌越发觉得是这么个理儿，很多老年人都喜欢转发养生文，恰巧医学这块跟自己相关，父亲又老在外炫耀儿子，说到底，父亲转发养生文其实还是为了变相炫耀儿子。

想到这里，小乌不免有些惭愧，父亲为自己骄傲，自己却嫌弃父亲无知。父亲到了这个年纪关注养生健康知识是合乎常理的，自己身为医学教授，却很少跟父亲聊养生的话题。父亲没有获取医学知识的正规渠道，通过网络了解到不可靠的信息时，自己又跳出来指责父亲迷信谣言。

经过一番反思后，小乌开始尝试着与父亲互动，他不再批评父亲转发谣言了，而是找了一些通俗易懂且有科学依据的养生文发给父亲看，并鼓励他："你可以把这些转发给叔叔阿姨们看，我觉得这篇文章挺好的。"

没过多久，老乌开始主动向小乌讨要文章，并把要来的文章发到微信群里，分享给朋友，还告诉大家："这可是我儿子发给我的，信他准没错。"

又过了一段时间，小乌试着劝老乌别再随意转发自己看到的养生文，老乌同意了，偶尔看到一些医学小知识，还会主动问小乌："儿子，你看这个观点可不可信？"

小乌知道自己已经获得老乌的信任了，两人之间的沟通也因此而顺畅起来。

这件事让小乌学会了在沟通中如何获得对方的信任。

其实，要获得他人的信任，晓之以理未必受用，动之以情才最有效。

站在对方的立场考虑，就能将交流建立在情感基础上，才更容易赢得对方的信任。

讲故事比讲大道理更容易让人接受

每个人都会根据自己的际遇总结出一些人生道理来。大部分人喜欢把自己习得的经验教训分享给周围的人，这本是一件好事，可在现实生活中，好为人师的人往往费力不讨好，非但不能成功地把自己的观点传达出去，搞不好还会惹人生厌。

其实想要跟别人分享自己的经验教训，未必需要通过讲道理的方式传达。如果你能把道理转化为故事，可能效果会更好。

讲道理和讲故事的区别在哪儿呢?

看一看下面的故事，或许你能够从中找到答案。

志中开了一家小饭馆。

但没过多久，一家颇有档次的餐厅在志中开的饭馆对面开业了。

那家餐厅开业后，凭借精致的菜品和优雅的环境吸引了大批顾客，甚至抢走了附近部分餐馆的生意，整条街的餐饮行业都受到了影响。

这样的情形令志中十分担忧。

抱着“知己知彼，百战不殆”的心态，志中偷偷光顾了那家餐厅。他发现那家餐厅不仅装潢上档次，菜品也很丰富，食材都很高级，还雇佣了一位名厨。

在那家餐厅吃了一顿饭后，志中闷闷不乐，他觉得自己的小饭馆不管从哪个方面来看都比不过对面的餐厅。

眼见越来越多的顾客都选择了那家餐厅，志中急得像热锅上的蚂蚁。越着急，店里的生意就越糟糕。

为了打败对面那家餐厅，志中铆足了劲跟对方竞争。他想，你的菜品很精致，我就要做出比你的菜更精致的菜。你的食材好，我就要用比你更高级的食材。你的菜单丰富，我就要让自己菜单更丰富……

可事与愿违，不管志中怎么努力，他的饭馆就是比不上对面那家餐厅。

这轮竞争，志中眼看就要输了。

志中的老婆春天也想扭转饭馆的生意，但她非常反对志中的做法，她不止一次劝志中：“你不要总跟对面那家餐厅比，他们擅长做精品菜，我们做不了精品菜，就做家常菜，把家常菜做好了，生意不一定会输给他们。”

志中哪听得进这种劝告，他反驳道：“你不懂，别瞎出主意。

再说，我不信我做不好精品菜，我非要把那家店比下去！”

见志中那么顽固，春天只能无奈地叹气。

其实，除了饭馆的事，在其他事情上，志中也很固执。

每次，志中遇到了问题，春天都会提出自己的建议，并耐心地跟志中讲道理。志中总是懒得听，有时候甚至因为不愿听那些大道理，不惜与春天大吵大闹。

春天不明白，为什么明明有些道理是显而易见的，志中却不肯接受。

就拿这一次来讲，春天想告诉志中的道理是，有时候认输不代表真正的输。发挥自己的优势，同样可以在竞争中获胜。

志中不但不接受这个道理，反而表现得很抵触，几乎就要走入死胡同了。

即使是这样，春天依然拿他没办法。

一个下雨天，志中的饭馆里空空荡荡，生意惨淡到了极点。

没有顾客，志中一个人坐在角落的桌子旁喝着闷酒。

就在春天准备打烊时，一个人走进了饭馆，是志中的朋友宇恒。

宇恒刚进门就发现志中的情绪不太好，店里生意又如此冷清，猜都猜得到志中为什么那么郁闷。

春天见宇恒来了，生怕他问老公生意上的事，就上前叮嘱了几句，并向他简单地说明了一下店里的情况，希望他能用委婉的方式说服老公不要执着地和对面的餐厅竞争了。

宇恒点点头，随即坐到了志中的对面。

宇恒还没开口，志中就说："我知道刚才我老婆跟你说了些什么，她肯定想让你劝我，不要跟人家比。你不用劝，我要是连比的勇气都没有，会输得更彻底。"

宇恒笑了，不紧不慢地说："我不打算劝你什么，只是想跟你说一个故事。"

接下来，宇恒对志中讲了一个故事：

非洲草原上生活着羚羊和狮子。

一天，一只羚羊爸爸带着儿子在草原上吃草。一头狮子把它们当成了猎物，悄悄地向它们靠近。

羚羊爸爸和小羚羊发现那头狮子时，小羚羊吓坏了，但它相信爸爸能保护自己。

结果，羚羊爸爸只是冲着小羚羊大吼了一声："快跑！"

随后，它就带着小羚羊跑了起来。

羚羊奔跑的速度非常快，狮子在它们身后穷追不舍，跑了一阵子后，狮子终于体力不支，停了下来。羚羊爸爸带着小羚羊一直跑到了安全的地方才停下来。

虽然成功逃走了，小羚羊却很不高兴，它对爸爸说："狮子很凶猛，它的牙齿很尖利，但是我们有犄角，我们可以跟它对抗。说不定，我们能赢。"

羚羊爸爸说："你说得没错，说不定我们能赢，但是，为了赢，我们需要冒的风险太大了，这么做显然是不值得的。所以，我们应该向它认输，然后逃跑。我们的胜利不在于打败它，而在于比它跑得快。跑赢了狮子，也是一种胜利。"

听了这个故事，志中没说话，闷着头喝了一杯酒。

那天晚上，宇恒没对志中提任何建议，也没说半句道理，只是陪志中吃饭、聊天。

第二天，志中不再购买什么高级食材，也不再琢磨什么精品菜了。他只是买了一些制作家常菜需要的新鲜小菜，并把自己不擅长做的菜从菜单上删除了。做完这一切，他耐心地等待顾客上门。

从那天起，志中认真研究家常菜，诚恳地倾听每一位顾客的意见。

这样坚持了一阵子，志中的家常菜越做越好，店里的生意也越来越好。

志中的饭馆虽然环境和对面餐厅的还是没有办法相比，做的也只是普通的小菜，但生意有时候甚至比高档餐厅的还要好。

宇恒再来志中的店里时，他的饭馆已经"起死回生"了。

志中坚持要请宇恒好好吃顿饭，宇恒也没有推辞。

饭桌上，志中诚恳地感谢宇恒，他说："对面那家餐厅的实力确实很强大，我的饭馆差点撑不下去。曾经，我以为用尽全力与它对抗才是生存下来的唯一方法。是你的故事让我明白了该如何扭转局势。现在想想，当初拼命与那家餐厅抗衡的自己，真是太傻了。"

春天听志中这么说，忍不住插嘴了："是啊，那时候你真是挺傻的。那家餐厅雇佣的厨师是专门做精品菜的高级厨师，你怎么跟人家比？再说，那家店至少有二十个员工，我们的店，加上你和我，总共五个人，我们菜单上的菜不可能比他们的菜还多。跟他们比谁的菜更精致、谁的菜单更丰富，我们铁定输……"

春天还想说，却被志中打断了，他很不耐烦地摆摆手，道："行了，快别再讲你的大道理了，我不用你教我怎么做，我知道我自己该怎么做。"

春天故作无奈地笑了笑，说："同样的道理，我说的，你就是不听。经过这件事，我也反思过了，我想，你不是不愿意听道理，你是不喜欢我说教的口气和批评你的态度吧。"

宇恒和志中同时给春天竖起了大拇指，异口同声地表示赞同："你说得对！"

如果你还不明白为什么讲故事比讲大道理更容易让人接受，

再看看下面的例子吧。

假如你想奉劝别人：走路的时候不要玩手机。直接告诉对方，走路玩手机很危险，对方可能体会不到这么做究竟有多危险。

如果你告诉对方："有一次，我看到一个人边走路边玩手机，竟然没有注意到前方的窨井盖没有盖，掉进窨井，腿都摔断了。"

对方就能从这个故事中体会到边走路边玩手机的危险性。

之所以讲故事比讲道理有用，是因为讲故事的时候，听故事和讲故事的人处于同等地位，当两个人处于同等地位时，沟通会更顺畅。

讲故事的人叙述故事，故事情节的变化很容易让听故事的人产生代入感，如是，听故事的人会很自然地去体会故事中隐藏的道理。

不管怎么说，自己悟出的道理一定比听来的道理更深刻。

说点你的悲惨事，安慰他一下

有句俗话是这样说的："家丑不可外扬。"相信不少人都认同这个说法，所以，人们总喜欢把好的一面展示给别人看，与人沟通的时候很少聊到自己的悲惨事。

想一想，你是否也如此？

你认真地经营自己的社交网，在跟别人聊天的时候，即使不刻意炫耀个人优势，也肯定会避开生活中不如意的内容。至少你不会轻易对别人提及自己遭遇过的不幸经历。

你担心把悲惨事说给别人听，会向他人传递负能量，而且，你很清楚，自己的麻烦得自己解决，对别人诉说，意义不大。

你觉得独自承担痛苦是成熟的表现。

你的想法没错。

不过，持有以上观点的你也可以试想一下，如果某天，你身边那个一直能为你带来正能量的朋友，突然向你提及了自己的伤心事，你会有怎样的感受呢？

你会怪对方给你传递了负能量吗？

又或者你会因为自己被对方需要而感到满足？

不必急着回答这个问题，先想一想，你是否曾经在生活中体会过“予人玫瑰，手留余香”的感觉。

能够给别人提供帮助，就意味着自己对别人来说是一个有用的、被需要的人，这的确很容易让人产生满足感。

在沟通时也是一样，给他人一个“手留余香”的机会，会让对方因为从你身上获得了满足感而喜欢上与你聊天的感觉。

卉子是朋友群中的“知心热线”，她善解人意，总能用聊天的方式帮心情不好的朋友舒缓情绪、释放压力。

卉子喜欢安慰别人，因为成功地安慰别人让卉子很有满足感。

大家也喜欢和卉子聊天，但没有人把卉子当“垃圾桶”对待。因为，卉子在聊天的时候，也会聊到自己的伤心事。

其实，以前卉子也不喜欢跟别人讲自己的不幸经历。但有一次发生了一件事，改变了卉子的想法。

那天，卉子的好友希彦约卉子吃饭。

吃饭的时候，卉子看出希彦的情绪不是很高，于是主动询问希彦不开心的原因。

希彦叹了口气，说：“别提了，我最近都快被婆婆搞得抑郁了。自从她住到我们家后，我们俩之间矛盾不断，我快受不了了。”

卉子赶紧开启了“知心热线”模式，耐心地安慰道：“两代人同住一屋难免会有矛盾，别放在心上就好了。”

希彦继续诉苦：“我当然知道这个道理，可问题就在于我老公和她也是两代人，为什么她忍得了我老公懒，忍不了我懒，忍得了我老公贪玩，忍不了我贪玩？”

卉子笑笑说：“这有什么好气的？她忍得了你老公的缺点，是因为她是你老公的妈妈，她忍不了你的缺点，是因为她不是你妈妈，你干吗要求不是你妈妈的人拿你当亲女儿对待呢？换言之，如果你打心眼里把她当亲妈对待，你才不会计较她怪你什么呢？你妈妈也经常说你，你也没生气呀。”

听了这番话，希彦心里好受多了，点头道：“倒也是。”

接下来，希彦又向卉子抱怨了一大堆婆媳之间的琐事儿，卉子耐心替她化解了所有怨气。

没想到，开导完希彦后，希彦忽然说：“我发现你什么都比我好，婆媳关系处理得也比我好多了，有时候真觉得自己跟你比，简直差劲透顶。”

卉子没想到希彦会产生这种想法，希彦的这番话让卉子明显感受到两人之间的距离无形中被拉开了。

卉子是真心把希彦当朋友的，她不对希彦说自己的烦心事，并不是想让希彦觉得自己样样都比她好，而是不想给希彦传递负能量，不想让她为自己担心。

当时，卉子一心想消除希彦心中的隔阂，于是，立刻对希彦说了一些烦心事："其实，我和婆婆的关系也一般。自从婆婆住进家里，我再没睡过懒觉，周末也得早上八点起床。有时候想跟老公出去吃顿饭，婆婆说我们太败家，非让我们回家吃。每次我逛完街回家都跟做贼似的，生怕婆婆检查购物袋。她看到我买的化妆品或衣服，准责备我乱花钱，我也挺糟心的。"

听到卉子这么说，希彦一副很吃惊的样子："你以前从来不跟我说这些，我还以为你和婆婆相处得很好，原来家家都有本难念的经。"

话都说到这里了，卉子也不怕希彦见笑，继续抱怨，说了一大堆婆媳之间的问题。

这回，希彦反过来安慰卉子了，她说："你刚才不是跟我说婆婆本就不是亲妈吗，道理你都懂，为啥指望她包容你的缺点呢？你家孩子半夜哭闹，吵到你睡觉，你不会嫌弃自己孩子，还会起来看看孩子到底是饿了还是尿了；别人家孩子半夜哭闹，吵到你，你会不会嫌人家孩子太烦？都是一个理。别想那么多了，起码你婆婆还给你培养了个不错的老公，不是吗？"

希彦安慰了卉子，卉子觉得很温暖。与此同时，卉子发现希彦的脸上流露出满足的笑容来。

就是这件事让卉子学会了在充当他人"知心热线"的时候，偶尔也说说自己的悲惨事，给对方一个安慰自己的机会。因为卉子希望别人也能在跟自己聊天的时候体会到安慰他人的满足感。

其实，沟通时，我们大可不必过分担心和别人聊一聊悲惨事会给人传递负能量。

假如，别人请你到他家去做客，你把对方准备的饭菜都吃光了，人家会嫌弃你吃得太多，而因此感到不高兴吗？

或者，朋友遇到了麻烦，第一时间想到找你征求意见，你会觉得很烦，嫌弃对方打扰到你了吗？

又或者，你陪同一个孩子看动画片，电视里出现了怪兽，小孩受到惊吓，钻到你怀里寻求保护，你会嫌这个孩子太烦人吗？

和别人聊一聊自己的悲惨事跟吃完人家为你准备的饭菜一样，跟遇到麻烦向朋友征求意见一样，也跟害怕时向他人寻求保护一样，只要做得不过度，就能让对方获得被需要的满足感。

事实上，大多数人都很享受被需要的感觉，因为被需要才能体现个人价值。

在与人沟通的时候，适当向别人透露自己的悲惨事，给对方一个安慰你的机会，对方才会因为被你需要而获得满足感。

不轻易放弃自我，更容易获得认同

莫陌是个很有个性的女生，但她担心自己不够合群，为了不被别人当成怪人，她想到了一个办法，那就是用放弃自我的方式融入群体。

比如，莫陌刚到大城市的时候，外地口音很重，跟人说话的时候，她会很努力地隐藏口音，有时候遇到老乡，被人听出口音来，她就会觉得很尴尬。

莫陌认为要融入大城市，就要放弃乡音；尽管讲话带乡音不是什么缺点，但也算不上优点。所以，莫陌觉得放弃了这个特点也无所谓。

除此之外，莫陌在聊天的时候，也会刻意放弃自己与众不同的观点。

因为一直坚持这么做，莫陌显得比较合群。所以，莫陌认为放弃自我是正确的。

直到小妖出现后，莫陌才开始质疑这种做法。

莫陌是在一次野外烧烤活动中认识小妖的。

小妖来自一个小城市，她的普通话挺标准的，不过有时候小妖会故意用乡音自嘲：“你们不要欺负来自小城市的妹子啊，我可是个村姑，什么都不懂，你们要好好照顾我。”

小妖的这番自嘲让聚会的气氛瞬间热烈起来，大家开始用乡音开玩笑，并纷纷说起刚到大城市时遭遇的糗事。

莫陌没有办法融入他们，因为她曾经为了得到大家的认同，谎称自己就是当地人。

后来，大家讨论了好几个话题，莫陌有很多与众不同的想法，不过，她习惯性地选择放弃自我。可是在几轮讨论中，小妖都说出了自己独到的见解。

那次聚会结束后，不少人称赞小妖是一个有个性的女生，当然也有几个人说小妖太过标新立异，这几个人对小妖的印象不是很好。

莫陌向小妖要了微信号，因为她也被小妖的特立独行吸引了，她觉得自己跟小妖很像，很多事都想到一块儿去了。

那天晚上，莫陌问小妖：“你不怕坚持自己的想法会得不到别人的认同吗？”

小妖说：“放弃自我可能会得到更多人的认同，可是，我不愿意这么做。因为我的经验告诉我，不轻易地放弃自我，其实更容易获得认同。”

莫陌好奇地问："此话怎讲？"

小妖说："你看电视剧的时候，会记住个性鲜明的角色，还是普普通通的路人呢？一大群人从你面前走过，大家都穿着黑色的衣服，只有一个人穿了红衣服，你会记住穿黑衣服的那群人，还是穿红衣服的那一个呢？"

莫陌明白小妖的意思了，保留自我才会被人记住，但她又问："被人记住，不代表被人认同啊。历史上有那么多臭名昭著的恶人，他们也因为独特的性格被人记住了，但他们并不会得到大家的认同。"

小妖说："个性鲜明并不是要成为恶人。你喜欢成为什么样的人，就成为什么样的人，只要你能保证自己不做恶人就好啦。跟人聊天的时候，你喜欢讲什么话就讲什么话，只要你的言行不是刻意地伤害别人，不是故意跟人抬杠，保留自我又有什么问题？如果你因为保留自我得不到某人的认同，那表示你跟对方根本就不是一路人，不是一路人，需要人家认同你干吗？"

小妖的这番话得到了莫陌的认同。

从那以后，莫陌在跟人聊天的时候，就不再放弃自我了，她说自己想说的话，在保证不会伤害他人的同时保留了自我意见，这么做之后，莫陌发现自己并没有因此得不到别人的认同，反而获得了更多的认同。

如果你也跟过去的莫陌一样，想用放弃自我的方式融入群体，劝你最好不要这么做。因为如果你看到一大群人都穿黑衣服，便也选择穿黑衣服，这么做不是融入群体，而是被群体融化掉。

当你放弃自我，成为跟大多数人一模一样的人，讲大家都会讲的话时，你得到的认同不属于你，而属于你所处的群体。

反之，如果你渴望获得真正属于你的认同，就保留自己的特质，说自己想说的话吧。只要你确定自己这么做的目的不是伤害他人就好。

情感支持比任何物质上的支持都重要

前文中提到过沟通的定义——沟通是人们分享信息、思想和情感的过程。如果要划出该定义的关键字眼，想必“情感”二字应当是重中之重。

很多人认为对人好就要落到实处，要做行动上的巨人，而不是言语上的巨人。

阿琥就是一个注重实际的行动派，每逢佳节，他都会给长辈送礼。有多少长辈他就备多少份礼，礼物都是一样的，以免长辈们因礼物的价格和种类不同而多心。

阿琥的表弟小能几乎不给长辈送礼，但每逢佳节，他都给长辈们发送祝福短信。

有一年春节，家人聚会，阿琥发现大家对小能分外热情，夸小能是个有心人，过节的时候，会把长辈放在心上，而不是只顾着自己外出旅行、吃喝玩乐。

众人夸完小能，才想到阿琥，夸阿琥的话只有寥寥几句，有点敷衍的意味。阿琥不喜欢与人攀比，但受到这种待遇，心里多少有点失落。

是啊，如果你是阿琥大抵也会不高兴，毕竟阿琥在大家身上花了钱，小能只不过给他们发了几条祝福短信而已。可为什么大家更容易记住小能的好呢？

后来，阿琥对朋友说起这件事的时候，朋友说："虽然过节的时候，你用礼物向大家表达了心意，但你买的礼物都是一样的，给人的感觉有点敷衍，好像随随便便批发一堆东西，分发给大家，打发了长辈就了事了。小能发了祝福短信给他们，效果自然比你送礼更好。"

阿琥说："礼物都是我认真挑选的，可不是随便批发的，选同样的礼物，是不想长辈们因礼物价格不同而多心。"

朋友说："你考虑得很周到，可是长辈们在乎的是你有没有把他们放在心上，而不是能得到什么样的礼物。你寄出了礼物，却什么也没对他们说，双方在情感上没有互动和交流，自然不能怪他们对你的礼物无感了。"

阿琥还是不服气，又说："编辑一条短信有多难？那些祝福短信随随便便就能从网上找到，群发就好了，我也做得到。"

朋友赶紧摇头，奉劝道："你最好不要这么做，群发短信和赠送一模一样的礼物没什么区别。我猜小能给长辈发的短信肯定是自己编辑的，且每一条短信还带上了长辈的称呼，留下了自己的名字，根据不同的长辈，选择了不同的祝福语，这才能称之为情感交流，亲人之间需要的正是情感交流。”

阿琥这才理解了朋友的意思，形式不重要，重要的是传递情谊时是否明确表达了自己的情感。

之后，阿琥依旧会买同样的礼物赠送给不同的长辈，但寄出礼物之前，他会给每一位长辈写一张卡片，用言语传达自己的情感。

如果你也跟阿琥一样，是注重实际的行动派，请不要因为过分重视行动而忽略情感交流。不想做行动上的矮子、言语上的巨人，你可以选择兼顾行动与言语，用言语传达自己的情感，向他人发起情感交流，给对方情感上的支持，让沟通变得更富感情色彩。

第三章

潜台词表达法，使沟通更有效

俗话说，锣鼓听音，说话听声。这句俗语是想要告诉我们，听人说话的时候要注意弦外之音。

弦外之音也就是潜台词，当一个人谈到一件羞于启齿的事情时，就会利用潜台词表达内心的想法。

比如，很多人不善于拒绝他人，在拒绝别人的时候，就会使用潜台词表达拒绝。

当你求人办事时，如果对方的答复是“这事儿我做不了主”，又或者是“再说吧，我心里也没谱”之类的推脱之词，想必听了这种答复，你心里就会有数了——对方拒绝了自己。

如果从逻辑角度出发分析这类答复，可以将其理解为对方接受了请求，只是在提供帮助的时候可能会遇到阻碍，只要自己有耐心等待对方克服阻碍，就可以赢得对方的帮助。

可是谁又会从逻辑角度出发去理解他人的潜台词呢？

既然大多数人都可以诠释潜台词背后的含义，这表示潜台词在沟通中的确可以发挥表达效果。

不过，太多人只在意如何听懂他人的弦外之音，却不太善于用潜台词来表达自己的想法。

其实，想提高沟通效率，不仅要学会读懂他人的潜台词，还要善用潜台词表达自我。

你所不了解的“沟通潜规则”

如果世上真存在沟通法则，有四个字一定会被列入其中。那四个字就是“我相信你”。

单独看“我相信你”这几个字，你可能会觉得它们没有什么含金量。

大部分人觉得与人交流，就应当逻辑严密、情感饱满，尽可能用或华丽或热烈的言辞表达自我观点。

“我相信你”好像跟华丽、热烈沾不上边。

事实上，善用“我相信你”这四个字的人，特别容易获得他人的信任。

恒苏认为沟通应该化繁为简，他喜欢用“我相信你”四个字向别人传递内心感受。

小绿有个很有钱的男朋友，对方比小绿大十二岁，两人在一起后，周遭出现了各种流言蜚语，小绿常常为此感到苦恼。

去年春节，小绿把男朋友带回家见父母，她没想到连父母都以为她是为了钱跟男友交往的。

小绿很生气，春节假期还没结束，就让男友带自己出去旅行了。原本，她是想在家里度过整个春节假期的。

出发前，小绿在微信朋友群里发了一大堆牢骚。

那个朋友群里的成员都是小绿的发小，大家有着将近二十年的友谊。

琳达说："你月收入那么高，根本不可能为了钱出卖感情，别管别人怎么说，开心点。"

阿虎说："十二岁的年龄差又不是很大，长辈们的思想就是太保守了，慢慢跟他们解释就是。"

里里说："你男朋友超有魅力，身材又好，一点也不显老，那些说你是为了钱跟他在一起的人，其实是妒忌你。所以，好好玩儿去吧。"

恒苏说："小绿，我相信你。"

恒苏的这句"我相信你"让小绿瞬间红了眼眶。她觉得恒苏是最理解自己的人。

为什么大家的留言都是在安慰小绿，却只有恒苏的"我相信你"让小绿如此感动呢？

我们可以试着分析一下琳达、阿虎、里里的留言。

琳达说小绿月收入高，所以小绿不是为了钱才和男友在一起的；阿虎说十二岁的年龄差不是很大，长辈们思想保守，所以才无法理解小绿；里里说小绿的男友有魅力，身材好，不显老，所以说是非的人是妒忌小绿。

月收入高，年龄差距不大，男友有魅力，这些都是琳达、阿虎、里里相信小绿的条件。

琳达、阿虎、里里与小绿之间的互动是一种条件式互动，他们对小绿的信任是建立在某种条件上的。

恒苏只说了一句“我相信你”，他与小绿之间的互动构成了一种“无条件式互动”，也就是说，即使不存在任何条件，他仍然选择相信小绿。

恒苏给予了小绿无条件的信任，所以，他当然更容易得到小绿的信任。

“我相信你”四个字可以创造出一种无条件式互动，而这种无条件式互动，显然比条件式互动更易打动人。

如果以上例子无法让你感受到无条件式互动的魅力，你可以试着把自己代入下面这个故事中。

试想一下，假如此刻你失业了，却意外被恋人的求婚，对方可能用以下四句话向你求婚：

1.“没工作不要紧，你长得那么好看，就算你什么也没有，我还是想和你结婚。”

2.“你学历那么高，失业了还可以再就业，我们结婚吧。”

3.“别着急，你不还有一大笔积蓄吗？没工作，开个小店也行。我想立刻与你结婚。”

4.“请和我结婚，你是我唯一认定的结婚对象。”

以上四句话，哪一句话最容易打动你？

我想大部分人的选择都会是最后一句，最后一句话的魔力就在于它遵循了无条件式沟通法则。

前三句话可以起到安慰失业者的作用，只有最后一句话表达的是“想结婚的愿望不需要任何条件支撑”的观点。

再看一个例子，可能你会更容易理解无条件式互动的精妙之处。

假如，因为一次失败，你在某方面的能力受到他人的质疑，而你也因此感到懊恼。你把整件事的前因后果讲给了四个朋友听，这四个朋友分别是甲、乙、丙、丁。

甲说：“谁都会失败，一次失败也证明不了什么。”

乙说：“别想啦，这只是一件小事而已，好好做事，下一次就不会出现这种状况。”

丙说：“走！我请你吃大餐，开心点！”

丁说：“不管别人怎样，我相信你。”

谁的话更能抚平你内心的创伤？

想必这一次，你还是会选无条件信任你的丁。究其原因，也是因为丁的话表达了一种无条件的信任。

为什么无条件式互动如此容易打动人呢？

秘密就在于无条件式互动传递的认可与理解比条件式互动传递的认可与理解更为强烈。

在生活中，每个人都期待得到认可，这种诉求可能会在显意识中表现出来，又或者仅存在于潜意识中。

人们总是努力用行动获取他人的认可，也会努力寻找认同自己、理解自己的同伴。

而在寻求认可之前，每个人都会对自己产生自我评价，自我评价来源于对自身的客观认识。

有些人的自我评价比较低，有些人的自我评价会相对高一些。无论是自我评价低的人，还是自我评价高的人，做出的自我评价，最终结论人始终是“自己”，所以，人们想获得的认可重点不在于认可本身，而在于自我。

无条件式互动给予的认可是对对方本体的认可。这种认可不需要任何条件支撑，认同感不会被附加条件削弱。反之，条件式互动传递的认可是需要条件支撑的，表达的认同感不够强烈，因为附加条件会削弱认同感。

虽然条件式互动也能表达理解与认同，也能起到劝勉、鼓励的效果，但要迅速获得对方的信赖，最好的办法是发起无条件式互动，用无条件式互动传达你的认可与理解，对方才能更直接、更强烈地感受到你的认可与理解。

说服一个人的最佳方法是说服他的潜意识

几乎每个人都会有这样的经历——觉得自己的行为不受大脑控制。

我们在面对一些事时，明知道自己应该怎么做，或者不该怎么做，意识却受另一种力量摆布，好像身体里住了另一个自己。

例如：

失恋时，你知道自己应该停止想念前任，但与前任有关的一切却频繁地出现在你脑海中，对方成了挥之不去的影子，不管你怎么努力，就是无法抹掉这个人在心里的痕迹。

放长假之前，你知道自己有一堆工作要完成，只有完成了这些工作，才能全心全意地享受假期，可是，你就是静不下心来做事，人还没放假，心已经放假了。

向某个朋友请教某事时，听了对方的意见，你发现那些意见漏洞百出，不值得依赖，但这位朋友是你最重要的朋友，且曾经给你提出过各种可靠的意见，所以你仍然选择相信他，最后因此吃了亏。

发生类似的事件时，你会埋怨自己，你认为自己已经明确意识到正确的行事方法，却没有按意识中的计划行事，全怪自己意志力太薄弱。

其实，意志力之所以会不受意识控制，是因为潜意识在干扰着它，控制意识的那股力量叫作潜意识。

在潜意识面前，理性会变得不堪一击。

认识到潜意识的力量，你会发现从意识角度出发解决问题是治标不治本，要彻底解决问题，还得从潜意识下手。

就拿沟通来讲，如果交流仅停留在意识层面，恐怕无论沟通氛围多么和谐，沟通效果仍无法达到最理想的状态。

例如：

罗辰身高1.75米，体重90千克，健康因肥胖受到了威胁，医生建议他减肥。

小杰是罗辰的朋友，他看到罗辰家里存放着很多高热高脂零食，不由得为罗辰的健康感到担忧。他开始尝试劝罗辰减肥：“别再吃这些垃圾食品了，这些东西会让你越来越胖，再不减肥的话，身体会越来越糟。”

罗辰回应道：“我知道这些东西对我不好，但我戒不掉。”

小杰的说辞没有起到作用，罗辰还是选择继续放纵口腹之欲。

看到罗辰改不了吃垃圾食品的习惯，小杰又试图从另一个角度出发劝罗辰减肥。他对罗辰说：“再这么胖下去，根本追不到你喜欢的女生。减肥吧，从现在起，每周都给自己安排两次健身活动，每次健身最好持续两小时以上。好好锻炼，肯定能瘦下来。”

罗辰回应道：“我不是怕锻炼，问题是靠锻炼去减肥，不知道要花多久。等我瘦了，她可能都成别人的女朋友了。”

小杰说服不了罗辰，他觉得罗辰是个油盐不进的人，不管怎么劝，罗辰就是听不进去。

其实，即使小杰在劝说罗辰时，得到的回应是“好。我会戒掉垃圾食品，锻炼身体的”，罗辰也未必真的会履行承诺。

其实，从罗辰给出的回应可以看出，他的潜意识在排斥成功，否定自己。

当小杰劝罗辰戒掉垃圾食品时，罗辰说：“我知道这些东西对我不好，但我戒不掉。”不戒掉垃圾食品，不是意识出了问题，而是潜意识告诉他：“别折腾了，你是戒不掉这些垃圾食品的。”

当小杰想说服罗辰健身，并用追求心仪女孩的方式激励他健身时，罗辰说：“我不是怕锻炼，问题是靠锻炼去减肥，不知道要花多久。等我瘦了，她可能都成别人的女朋友了。”

这时候，罗辰的潜意识在否定锻炼的结果，潜意识告诉他：“靠锻炼的方法去减肥，要花的时间太长了，你耗不起，你喜欢的女孩也等不起。”

小杰的说辞不管用，是因为他只专注于如何打败罗辰的意识。事实上，罗辰的意识没问题，他明白减肥可以带来积极的意义，但他的潜意识在不断削弱减肥的意志，潜意识总与意识对抗，阻止他按意识行事。

所以，想说服罗辰减肥，小杰应该从潜意识入手，消除罗辰排斥成功、否定自我的潜意识，沟通效果才会达到理想状态。

先读心，后说话

前文中提到说服一个人的最佳方法是绕过他的意识直接去说服他的潜意识。要说服一个人的潜意识，首先得看透他的潜意识。

什么是潜意识？

潜意识是一个心理学术语，指的是人类心理活动中不能认知或没有认知到的部分，是已经发生，但并未达到意识状态的心理活动过程。

从潜意识的定义可以看出，产生潜意识的个体无法对自身产生的潜意识有清晰的认识。一个人连自己的潜意识都看不透，是否就更无法读懂别人的潜意识了？

其实不然，因为潜意识和意识并非完全互不相干，很多时候潜意识极容易化为显意识。

比如，在日常生活中，人们会因为疏忽而说错了话，那些话被称为“口误”。

口误的产生与潜意识有关，著名的心理学家弗洛伊德就认为口误非常有研究价值。因为口误并非随机生成，口误往往是一个人在放松戒备时，内心真实想法的反应和写照。

口误就是潜意识化为显意识的一种形式。

当一个人处于精神高度集中的状态时，他会按照个人意识表达自我，这种时候神经稍有松懈，就很有可能产生口误，说出自己原本不打算讲的话。

大多数心理学者在与人沟通的时候，也喜欢营造一种舒适的氛围，让沟通对象产生安逸、轻松的感受，有了这样的感受，沟通对象会比较容易放松戒备，诚实地表达自己的想法。可见，气氛、情绪状态能促使潜意识化为显意识。

也就是说，潜意识并非深不可测。

看穿潜意识最简单、最直接的方法就是认真倾听。做到先读心，后说话，才能更有效地用语言直击一个人的潜意识，并征服它。

小谷跟阿关吵架了。

小谷气呼呼地跑到酒吧买醉，并拉上了闺密浅浅和玛莉。

小谷说："这次我非跟他分手不可！"

浅浅急问："阿关又惹你生气了吗？想分就分，别怕，分了再找就是！"

玛莉什么也没说，只是轻轻拍了拍小谷的背，以示安慰。

小谷缓了缓，继续说：“今天我跟他谈结婚的事，他说现在还不是时候，就算我不跟他分手，他也迟早会跟我分手的。”

浅浅说：“我跟你说，分手这种事一定要先下手为强。”

浅浅的火上浇油让小谷的情绪更激动了，她说：“妈，你放心，我这回肯定跟他分！”

浅浅先是一愣，然后哈哈大笑起来：“你叫我啥？气糊涂了吧。哈哈哈！”

这么一闹，小谷的心情似乎好了点，也笑了起来：“是啊，是气糊涂了。算了，不提这些不开心的事。下周我去海边旅行，你们俩谁帮我订个酒店？我不会网上订酒店。”

浅浅立刻掏出手机，热心地帮小谷订酒店。

玛莉也一样。

很快，浅浅就选好酒店了，还把房间的照片拿给小谷看。

小谷看了看，皱着眉，没说话。

这时候，玛莉也选好了房，把手机递给小谷，让她看照片，小谷很满意地说：“就这间吧，谢谢你，回头我把钱转给你。”

浅浅瞥了一眼玛莉的手机，说：“小谷要跟阿关分手了，下周出去旅行，你给她订双人房，一个人住不是浪费了吗？我订的可是单人房，很划算的。”

小谷尴尬地笑了笑。

玛莉这才开口道：“如果你想问阿关有什么打算，可以借旅行的机会和他谈谈。你们俩也可以一起规划一下未来，把想法好好说给你妈妈听听。”

小谷连点头，用感激的口吻对玛莉说：“知道啦，谢谢你了。”

浅浅说：“什么？原来你打算跟阿关一起去旅行？那就是不想分手咯？”

小谷没回话，只是忽然从包里拿出一支护手霜，对浅浅说：“这个很好用，你要不要试试看？从这里出去左拐就有一家店卖这个护手霜，我们去看看吧。”

浅浅觉得小谷莫名其妙，刚刚还在讲分手的事，忽然又聊起护手霜，她拒绝道：“不用了，我还有好几支护手霜没用完呢。”

话讲到这里，也聊不下去了。

玛莉给阿关打了个电话，让阿关来酒吧接小谷。

事情到这里就结束了。小谷会不会跟阿关和好如初，那是后话。在这段对话中，玛莉的表现值得赞赏。

小谷心情不好，找玛莉和浅浅倾诉烦恼，她渴望得到安慰。

虽然浅浅的话很多，但与浅浅相比，玛莉为数不多的几句话才真正给小谷带来了安慰。

浅浅听到小谷说要跟阿关分手，力挺小谷，发言过急，不但帮不上忙，反而激化了小谷的情绪。

玛莉却恰恰相反，听小谷说要分手，并没有急着发表个人意见，直到帮小谷订了酒店后才给小谷提供了一些建议：“如果你想问阿关有什么打算，可以借旅行的机会和他谈谈。你们俩也可以一起规划一下未来，把想法好好说给你妈妈听听。”

得到这样的建议，小谷的内心瞬间产生了感激之情。这是因为玛莉的建议正合小谷的意。

在先前的谈话过程中，小谷并没有提到妈妈的想法，也没有说过自己想知道阿关有什么打算。

玛莉的建议里却提到问问阿关的打算以及跟妈妈聊聊两点内容，这种“无端”产生的建议怎么会迅速得到了小谷的信赖呢?

其实，玛莉的建议并非凭空生成。

我们可以认真分析一下小谷的话，便会发现玛莉的建议是有根据的。

小谷一开始说：“这次我非跟他分手不可！”

这句话暴露了小谷的当下意识，即要分手。这句话里包含了“这次”两个字，这两个字表示分手的念头不是初次产生。

既然小谷以前就有过分手的念头，却没有执行，就表示在分手这件事上她是犹豫的。而话语中的“非……不可”又代表了小谷的决心，过去犹豫，现在坚决，很可能分手这个决定是冲动的。

浅浅力挺小谷，支持她分手，是因为她并没有经过以上的分析，没有注意到小谷语句中的关键，否则不会轻易支持一个冲动的决定。

小谷谈到分手理由的时候说：“今天我跟他谈结婚的事，他说现在还不是时候。”

认真分析这句话，不难发现如果她真有意跟阿关分手就不会谈结婚的事，即使小谷因为阿关不能立即结婚而产生了分手的念头，若这个念头很坚决，就不会有任何附加条件能改变这个念头了。

但说完分手理由后，小谷又说：“就算我不跟他分手，他也迟早会跟我分手的。”这句话的意思是，只要阿关不提出分手，小谷肯定不会想到要分手。

从这些话中可以解读出小谷的潜意识，她并不是想分手，而是想要得到一种情感保障。她想确保自己不会被阿关辜负。

冲动的分手决定得到了浅浅的支持后，小谷情绪很激动，出现了口误，她说：“妈，你放心，我这回肯定跟他分！”

浅浅因口误闹出的笑话大笑起来，她显然知道口误肯定不是小谷的意识表达，只是她没有认真去解读口误的含义，所以对于这个口误仅仅是一笑而过。

玛莉一直在认真地听小谷讲话，她解读了这个口误——小谷忽然叫浅浅“妈”，绝不是因为一时糊涂，可能是潜意识里以为自己正在跟妈妈谈话，而这个“妈”字后面跟的是一句“你放心”，表明小谷做出分手的这个决定很可能是在顺应妈妈的指示。

浅浅劝小谷跟阿关分手，这种劝说可能是小谷妈妈重复了很多遍的劝说，小谷听到这类劝说，下意识联想到妈妈，才出现了那样的口误。

玛莉认真地倾听小谷的话，读懂了她的心，才做出了订双人房的决定，并提供了那样的建议。这些都是小谷真正需要的。

最后，玛莉打电话给阿关，让阿关来接小谷，也是因为她知道小谷已经倾诉完了烦恼，且不想再聊自己跟阿关的事情，这时候当然该散伙了。

若问她是怎样知道是时候让阿关来接小谷了的，答案仍然与认真倾听有关。

小谷忽然从分手的事聊到护手霜，还指出卖护手霜的店离酒吧不远，建议大家一起去看看，话题跳转得很突兀，明显是因为她认为上一个话题可以到此为止了，建议一起看护手霜，这意思就更明显不过了——她想离开。

这次的沟通，玛莉的话很少，但发言很有效，浅浅的话很多，却没有起到实际作用。说到底还是因为玛莉懂得先读心，后说话的道理，她成功地绕过了小谷的意识，直接从小谷的潜意识上找到了问题的根源，并为小谷提供了有价值的建议。

学会倾听，别人才能聊得开

冷杉有个外号叫“话题终结者”，因为他不管跟谁聊天，总能把天聊死了，他说的话叫人无言以对、无话可回。

冷杉觉得自己的问题出在不会讲话上，真相是这样的吗？

下面为你列举三段冷杉与三位朋友的对话，你可以试着帮他找一下成为“话题终结者”的原因。

兆辉被老板大骂了一通。

兆辉说对冷杉：“昨天本来下午六点就该下班了，老板让我整理货架，结果搞到深夜一点多才回家。”

冷杉说：“是吗？”

兆辉说：“是啊。整整加班了七个小时，等于多上了一轮班。今天早上迟到了，结果老板居然把我臭骂了一顿。”

冷杉又说了一遍：“是吗？”

这时候，兆辉已经有点无话可说了，但他还是耐着性子说：

“迟到是我的错，但要不是昨天晚上老板让我整理货架，我很晚才回家，今天早上也不会迟到。”

冷杉说：“不管原因是什么，反正你迟到了，他骂你也合乎情理。”

这下子，兆辉彻底没话了。

茂茂参加了商家的抽奖活动，抽中了一部手机。

茂茂对冷杉说：“今天运气真好，抽奖抽到一部手机。”

冷杉说：“是吗？”

茂茂说：“是啊，刚好想换手机，结果就中了奖。”

冷杉说：“那又怎样？”

听到这种不冷不热的回应，茂茂有点不想聊下去，但还是勉强挤了句话出来：“不怎样啊，你不觉得很幸运吗？”

冷杉说：“不觉得啊，抽奖抽到的手机通常都不好用。”

冷杉讲了这种话，茂茂真不知该接什么话了。

阿伦向喜欢的女孩告白，结果被对方拒绝了。

阿伦对冷杉说：“我向喜欢的女孩表白了，但她拒绝了我……”

冷杉说：“然后呢？”

阿伦说：“拒绝了就没有然后了啊。”

冷杉说：“你肯定是向比自己条件好很多的女生告白，不被拒绝才怪呢！”

阿伦一听这种话，再也不想跟冷杉聊下去了。

看了这三段话，你可能跟冷杉一样，认为他是因为不会讲话而被扣上了“话题终结者”的帽子。

兆辉对冷杉发牢骚时，冷杉连用了两个“是吗？”，最后一句话表明了个人立场——理解兆辉的老板。

茂茂把开心事分享给冷杉时，冷杉再次使用他的招牌式回应——“是吗？”，最后一句话扫了茂茂的兴。

阿伦向冷杉诉说烦恼时，冷杉把“是吗？”这句口头禅换成了“然后呢？”，“然后呢？”与“是吗？”差不多，都不冷不热，最后一句话则是用来否定阿伦的。

总之，冷杉与人聊天的时候要么缺乏感情色彩，要么否定沟通对象。他似乎抗拒与他人产生共鸣。

冷杉不是兆辉，站在旁观者的角度说话，当然比较轻松。如果他是兆辉，遇上了那样的情况，还能轻松接受老板的批评吗？

在跟茂茂聊天的时候也是一样，冷杉依旧是一个旁观者，如果中奖的人就是他，他绝不会急着抱怨奖品有多差劲，而会第一时间感慨自己的幸运。

同样，如果冷杉是阿伦，告白失败，不指望得到别人的安慰，至少也不希望被朋友损一顿吧。

冷杉没有和兆辉站在同一阵线，也没有向茂茂表示祝贺，更没有安慰沮丧中的阿伦。他说的都是别人不想听的话。

然而，归根到底，冷杉的问题其实并不是出在不会说话上，而是出在不会倾听上。

虽然，冷杉会在别人说完话的时候，给点回应以示自己在倾听，其实，他压根没把人家的话听到心里去。

一个合格的倾听者不仅仅要听人讲话，还要把话听到心里去。真正把他人的话听到心里去后才会产生“感同身受”的体验，有了这样的体验，便能从心理上、情绪上去认同对方。这时候说出的话，才会是对方想听的话。

获取认同感是每个人自我认可的需求，当别人在与你沟通的时候，你反馈的信息总与“我不认同你”相关，满足不了对方的认可需求，对方内心产生的感受是“再说下去便是自讨没趣了”，于是匆匆终结话题。

反之，如果你向聊天对象传达了自己的认同，对方内心产生的感受则会是“他理解我，并对我的话题感兴趣，我可以畅所欲言，不必担心他不愿意听”。对方有了这样的想法，话自然会越聊越多。

当一个人向你抱怨另一个人的不是时，他并不想听所谓的正确意见，他的内心与自己抱怨的对象产生了对立情绪，向你倾诉这种情绪的时候，需要你的理解，需要你和他站在同一条阵线上，而不是站到他抱怨的对象那一边。

当一个人与你分享开心事时，他想把快乐的情绪传递给你，他希望你能感受到同等快乐，而不是拒绝接受他传递来的正面情绪，更不希望你破坏他的好心情。

当一个人向你倾诉苦恼时，他仅仅是需要一个倾诉对象，他想释放情绪，并不想在这种时候听到任何批评，因为批评对陷入苦恼的人来说，几乎等同于一句“活该”。

如果你的聊天习惯和冷杉一样，你可能会认为说出个人看法绝对合情合理，既然接受了沟通请求，自己当然有权提出个人观点。

这种想法没错，可是就算你提出的观点百分之百正确，如果这个观点会终结话题，会打消对方的倾诉欲，接受沟通又有何意义呢?

既然接受了沟通请求，又或是主动向人发出沟通邀请，想把沟通顺利进行下去，就先学会倾听吧。

记住真正的倾听是把他人的话听到心里去，是以感同身受的角度去理解沟通对象，满足对方的认可需求，让他毫无顾忌、毫无担忧地把话说下去。毕竟只有确保话题不被终结，你才有机会用恰当的方式表达个人观点。

听出画外音，让沟通事半功倍

艺术创作中有一种创作手法叫作留白，留白能创造出无限的想象空间，该种创作手法在国内艺术界广为流传。这或许是因为中国人大多性格含蓄温婉，在艺术表达中，喜欢留有余地吧。

其实，留白不仅限于艺术创作中，在日常生活中，很多人说话时也喜欢留白。如果，你不懂得理解他人言语之中的留白部分，沟通的效率就会大打折扣。

泽宗和佩妮是一对情侣。刚开始恋爱的时候，泽宗觉得爱情很甜蜜，可是，好景不长，没过多久，泽宗就感受到了来自爱情的苦恼。

泽宗发现佩妮是一个喜欢生气的女生，而且脾气总是来得莫名其妙。

有一次，泽宗约佩妮吃饭。

泽宗快到约定的餐厅时，接到了佩妮的电话，佩妮说：“对不起，我肯定会迟到的，下雨了我没带伞，只能在路边小店里等雨停了再过来。”

泽宗连说：“没事，你慢慢来吧，不着急。”

挂了电话后，泽宗一个人在餐厅等了整整两个小时，再打电话给佩妮，发现她已经关机了。之后整整一个星期，佩妮对泽宗的态度都很差，泽宗不明白自己做错了什么。

还有一次，佩妮对泽宗说：“介绍几家外卖餐厅给我吧。下周爸妈出去旅行，我不会做饭，只能吃一周外卖了。”

泽宗连忙向佩妮推荐了十几家外卖餐厅。

佩妮冷冰冰地说了声：“谢谢。”接下来又是一周没搭理泽宗。泽宗依然不明白自己做错了什么。

这样的事情发生了很多次，每次，泽宗都感到既无奈又无辜。

聪明的你应该能看出泽宗的问题出在哪儿。

没错，泽宗的问题正是出在不会听画外音上，他彻底地忽略了佩妮语言中的留白部分。

佩妮说：“对不起，我肯定会迟到的，下雨了我没带伞，只能在路边小店里等雨停了再过来。”她并不是想为迟到跟泽宗道歉，而是想让泽宗去接她。泽宗却真把佩妮的话当道歉看待，难怪佩妮不高兴。

佩妮说：“介绍几家外卖餐厅给我吧，下周爸妈出去旅行，我不会做饭，只能吃一周外卖了。”她不是真的想要泽宗介绍外卖餐厅给她，而是希望泽宗主动帮她解决吃饭问题。泽宗仅从字面上理解佩妮的话，佩妮自然不满意。

每个女生在谈恋爱的时候，都希望男朋友宠着自己，但不是所有女生都好意思直接对男友提要求，尤其是在两人的关系还没有发展到可以随意提要求的地步时，女生会用画外音表达自己的想法。泽宗听不懂画外音，佩妮不生气才怪。

除了谈恋爱以外，在其他社交关系中，人们也喜欢利用画外音来表达羞于启齿的想法。

借钱的时候不好意思直接求助，会向借钱对象描述一下自己生活的窘态。

讨债的时候不好意思张口要钱，会询问欠债者近期的经济状况。

在家待客，时间太晚，又不好意思催客人走，会问对方：“几点了？”

……

通常，画外音是无法用言语直接表述的想法，会听画外音，才能迅速理解沟通对象的想法，有效提高沟通效率。

听懂他人的画外音，其实并不困难。

你得注意到他人语言中存在的留白部分，听的时候别只听对方说了什么，也得“听”对方没说什么。

画外音是言语中被省略的部分。

例如，佩妮对泽宗说："对不起，我肯定会迟到的，下雨了我没带伞，只能在路边小店里等雨停了再过来。"

听到这句话的时候，泽宗可以想想佩妮省略掉的内容是什么，如果她没有对言语进行省略，接下来，她可能会说："要不然你来接我吧。"

如果泽宗能"听"到佩妮没有说出来的部分，就可以替佩妮说出她省略的话，沟通效果就好得多了。

至于如何"听"出他人省略掉的画外音，就要看你是否能从对方的利益出发考虑问题了。

泽宗要是能从佩妮的利益出发考虑问题，自然明白女生想被男朋友宠爱的心理，便能读出佩妮语言中的留白了。

认真解读他人的画外音很重要，但也要注意把握尺度，不要过分解读他人的言语。

比如：

一个男生问一个女生："请问火车站怎么走？"

女生却突兀地答道："我已经有男朋友了。"

显然女生把男生的提问当成了刻意套近乎的搭讪，这样的过分解读不仅显得自作多情，也让气氛变得异常尴尬，就有点贻笑大方了。

传达感情，不只要会说话

听过有声小说的人都知道有声小说分很多种类，其中包括电脑录音有声小说、单人有声小说，以及多人广播剧等。

一部小说用不同的方式录制，表现出来的效果是不一样的。

绝大部分人喜欢听多人广播剧，却对电脑录音有声小说不感兴趣。

即使原作品再优秀，只要搭配上单调生硬的电脑音，也会产生令人昏昏欲睡的效果。

如果把日常沟通中的语言组织部分比作小说原作品，那么可以把语言组织以外的表达方式比作录制手法。

你一定不希望自己精心组织的语言带给别人昏昏欲睡的感觉吧?

所以，想更好地表达自我，不应该只专注于组织语言。

会组织语言仅代表会说话，会说话还不够，你还得用一些特殊的表达方式把你要讲的话传递到对方心里去，而不是简单地把想说的话讲出来，成为飘过别人耳畔的一阵风。

桃子很胆小。有一次，她和男友小顺去旅行，飞机遇上了气流，颠簸得很厉害。桃子吓得面色惨白。

小顺安慰桃子："别害怕。"然后紧紧握住了桃子的手。

那一刻，桃子被感动了。倒不是"别害怕"三个字有多感人，而是因为小顺握住了她的手，这个动作令她感受到了小顺的陪伴。

后来，桃子跟小顺结婚了，有人问桃子："为什么会选小顺？"

桃子答道："因为他很爱我。"

其实，爱这种东西是很模糊的，小顺是怎样让桃子感受到自己的爱呢？

反正桃子会觉得小顺很爱自己，不可能是因为小顺对她说过："我很爱你。""很爱"究竟有多爱？没有人知道答案，因为"很"字实在太抽象了，谁也无法体会到"很"字的重量和程度，听了这种话，大概也不会有什么感觉吧。

看来，小顺把爱这种情感传递到桃子心里靠的不是语言，而是语言以外的表达手法。

向桃子表白那天，小顺想对桃子说："我想永远跟你在一起。"不过，小顺没把这句话说出来。

为了向桃子传达感情，小顺想出了一个办法。

小顺对桃子表白后，他拿出了一条手链送给桃子。

老实说，桃子当时有点失望，因为手链这种礼物实在是太没创意了，桃子身边有很多追求者，好几个人都把手链当成礼物送给她。小顺也送手链，选择礼物的时候，应该没花太多心思。

可是，桃子接过礼物后，小顺说："我一共买了75条手链，今天只送你一条，现在家里还剩下74条，我打算每年送你一条，需要74年才能送完。以后慢慢给你吧。"

桃子觉得很感动，甚至凑上去亲了小顺一下。

很显然，小顺的方法奏效了，而且这个办法比直接说"我想永远跟你在一起"好得多。

"永远"究竟有多远？谁也没办法说清楚，就算是用"天长地久""海枯石烂"之类华丽的辞藻去描述它，桃子也未必能感受到它的时间长度，因为谁也没有见过"天长地久"和"海枯石烂"是什么样子。

但是，把"永远"换成"75年"，表达出来的时间长度就具体多了。对普通人来说，100年就是一辈子，小顺的意思是他想跟桃子相守一辈子。

虽然，小顺也可以认真组织语言，用一些尽可能浪漫的句子传达自己的情感，但他知道空洞的诺言听起来就很虚假。所以，他把夸夸其谈的"永远"变成了一个具体的数字，并借助送手链的方法传达了自己的情感。

对桃子来说，小顺的表白肯定不会是耳畔的一阵风，吹过去就算了，这个表白真正被传递到桃子心里去了。

未来，相信桃子在回忆听过的所有表白时，未必会想起那些非常华丽，但却很空洞的表白，但她一定会记起小顺的表白。

无论是向人表白，还是传达其他类型的情感，我们都希望自己说出的话能清楚表达自己的想法，并打动他人。所以，大多数人在开口前会在心里打草稿，尽可能认真地组织语言。但有时候口才一流的人，却并不一定能打动人心。

这大概是因为会说话的人犯了本末倒置的错误，自作聪明地努力展示口才，而忽略了沟通的目的是要传情达意。他们口沫横飞、天花乱坠，只顾自己说个痛快，却没有考虑听者会有怎样的感受。

所以，传达情感的时候，你应该先想一想，用什么方式才能更精准地把情感直接送入对方的心。

否则，无论你把台词安排得多么精彩，对方也会觉得从你口中冒出来的精彩句子和令人昏昏欲睡的电脑录音有声小说没差别，人家只能听得到你的声音，却听不进去你说的内容，你说得再好又有什么意义呢?

诉诸需求，触及对方痛点

市场营销学中有一句著名的话："顾客要买的不是钻头，顾客要买的是洞。"

试着分析一下这句著名的话，你会发现它蕴含了重要的沟通要领——诉诸需求，触及对方痛点。

钻头是顾客想要的，而洞是顾客需要的。

想要的和需要的，有差别吗？

当然有。

顾客要打一个洞，他知道钻头可以用来打洞，所以他认为钻头是他想要的；但如果有一个工具可以代替钻头，能把洞打得更好，他想要的东西就未必是钻头了，而可能是能打出好洞的新工具。

所以，钻头不是需求，更不是痛点，洞才是。

深谙此道的销售人员会按顾客的需求和痛点设置销售手法，从而达到销售目的。

诉诸需求，触及对方痛点的道理，已被套用到很多商品的销售上。

比如，出售私人定制商品的人知道商品本身是顾客想要的，但私人定制，独一无二才是顾客需要的，所以在宣传商品的时候，把独一无二作为宣传重点，于是，该商品热卖了。

其实，设置销售语和与人沟通时打腹稿差不多，你说出来的话能否戳中对方痛点可以决定整场沟通的效果。

米苏是个宅女，大学毕业后只参加过两次面试，第一次面试以失败告终，之后，米苏闲了一年，直到她通过堂哥的介绍得到了一份广告公司文员的工作，但她只在那家公司上了九天班就又打了退堂鼓，然后继续宅在家里，一宅就宅了四年时间。现如今，米苏已经二十八岁了。

米苏的爸妈很焦虑，他们认为女儿再这样宅下去，不仅找不到工作，甚至无法拥有正常的人生。

米苏爸爸总对米苏说：“不管你找什么工作，挣多挣少也无所谓，当务之急是必须融入社会。”

米苏妈妈则常常提醒米苏：“再过两年你就三十岁了，一直待在家里可找不到男朋友。”

不管爸妈说什么，米苏就是不肯踏出家门，她的生活被网络、小说、漫画、电影，以及电视剧填满，她不交朋友，连手机都不用，因为没有人会找她。

米苏的姐姐米娜从海外归来，看到妹妹这个样子，也为她感到担忧，于是她主动找米苏聊了聊，聊完后，米娜想出了解决这个问题的方法。

米娜给米苏买了几件像样的衣服，又给了她一笔钱，然后对她说："没钱花可以随时来找我，不过你从我这儿拿的每一笔钱都必须在三个月内还清。"

一个月后，米苏发生了天翻地覆的变化，她出去找工作了，有了工作后，又开始主动联系旧友，彻底脱离了宅女的生活。

爸妈问米娜："你对米苏施了什么魔法，她怎么忽然跟变了个人似的？"

米娜说："我跟米苏聊了一个晚上，她告诉我，她第一次面试失败了，你们一副很失望的样子，她很愧疚，但不知怎么回事，就是不愿意再面试了。一年后，通过堂哥的介绍得到一份文员工作，但在工作的九天时间里，她过得非常不开心，所以她不打算再找工作了。"

爸妈急问："她在广告公司上班时遇上了什么事？"

米娜说："米苏说广告公司的同事每天中午都相约去楼下的餐厅吃饭，她没有钱，只能用公司的微波炉热自带的便当；女同事衣着光鲜、妆容精致，她没有钱，只能穿着旧衬衫和褪了色的牛仔裤。这些事让她觉得很不舒服。第九天去上班，她在厕所隔间里听到外面有两个女同事议论她，说她太土气。她从厕所里出来后就回家了，辞职信都没写，从那以后就不想上班了。”

得知这一切后，米苏的爸妈开始埋怨女儿太脆弱，心理承受力差。

米娜打断了父母的埋怨：“米苏第一次面试失败后，你们在她面前表现出一副很失望的样子，这让她对面试产生了恐惧心理，她拒绝找工作，其实是想逃避面试，而逃避面试又是为了逃避面试结果。她之所以接受堂哥介绍的工作，正是因为那份工作可以跳过面试这一关。”

听到这里，爸妈明白米苏拒绝找工作的原因了。

米娜又说：“在广告公司上班的九天中她遭到同事们的嘲笑，这件事打击了她的自尊心，所以她又回到家里，不想再去上班。你们知道吗，现在很多年轻人宅在家里的原因之一就是社交要花钱，但他们没钱可花。我猜米苏不肯出门正是因为这个原因。”

米娜的这番话遭到妈妈的反对，妈妈说：“你爸不给她零花钱是想逼她自己去挣钱，可我会偷偷给她零花钱，她又不要。”

米娜哭笑不得地说：“你们真是一点也不了解她，害怕面试失败，是因为自尊心太强；在公司上班被同事们嘲笑，选择默默离职，也是因为自尊心太强。她的自尊心那么强，怎么可能白白花你们的钱呢？于是，她陷入了一个死循环，不想白白用你们的钱，也不想出门被人看扁，所以干脆宅在家里逃避一切。我给了她一笔钱，解决了她缺钱花的问题，又在给她钱的时候告诉她，从我这里拿的每一笔钱都要在三个月内还清，让她知道，她有钱可以花，可以大方地去社交，可以衣着体面地去找工作，但从我这儿拿的钱是要还的，不用担心白花的问题。所以，她接受了我的钱，并尝试融入社会了。”

爸妈若有所思地点了点头，米娜补充道：“其实我并没有劝她找工作，我只是对她说，你要是想去面试，就偷偷去吧，别让爸妈知道，找到工作了给他们一个惊喜吧。”

这次，爸妈明白米娜的意思了，米娜对米苏说这种话，是要让她知道，面试失败也没关系，反正爸妈不会知道结果。这番话减少了米苏对面试结果的恐惧感。

其实，爸妈劝解米苏的时候只会告诉她，要融入社会，要过正常的生活，要找男朋友，要有体面的工作。他们提到的这些点只是米苏想要的，但不是目前她需要的，这些说辞触及不到她的痛点，自然无法刺激她脱离宅女生活。

米娜之所以能改变米苏，是因为她明白米苏最迫切的需求不是找到体面的工作，也不是迅速融入社会，而是有一笔钱可以支撑在拿到第一个月工资之前那段日子的开支，且不需要为了这笔钱忍受白花钱的负疚感。

于是，米娜对米苏说：“没钱花可以随时来找我，不过你从我这儿拿的每一笔钱都必须在三个月内还清。”这句话触及了米苏的痛点，所以，沟通迅速起到了效果。

提供认同感，沟通更顺畅

几乎每个身处异国的游子都会在遇见国内同胞时显得格外兴奋。

身处异国，时时刻刻都会有陌生和孤独的感觉，这种时候，就会努力寻找认同感与归属感。

寻找认同感与归属感便是漂泊异国的游子在遇到和自己有着同样肤色，说着同样语言，来自同一国度的同胞时产生亲切感的原因。

在沟通中亦是如此，想要沟通更顺畅，可以用为沟通对象提供认同感的方式促使对方产出与你交流下去的欲望。

小布初入职场，想尽快融入群体，但不管怎么做，都收效甚微，如何处理好人际关系成了她需要面对的最大难题。

有一次，公司举办聚餐活动，小布参加了。

男同事马修坐在小布左边，另一个新进职员舒西坐在小布右边。

小布想找点话题跟马修聊，她决定先夸一夸马修：“你今天穿这件衣服好帅啊。”

马修听了这种夸奖很开心，立刻回应道：“谢谢，这衣服是刚买的。”

看到马修的正面反应，小布知道这是一个好的开始，于是，她再接再厉地找话题，说：“听说，你们男生都不太在意个人形象，我认识的好几个男生邋遢得要命，一周只洗一次头，头发常常又臭又油，恶心死了。”

马修揉了揉自己的头发，不知该说什么好。

接下来，马修一直没再跟小布说话。小布也意识到自己说错话了，于是不敢再把话题往马修身上扯，她开始讲与自己有关的话题。

小布说：“今天这些菜都太清淡了。我老家是湖南，我们湘菜特别辣，自从在这个城市定居后，我就再也没吃到正宗的湘菜，好怀念家乡的味道。”

马修不想让小布难堪，于是随便接了句：“是吗？”

小布以为这个话题激起了马修的兴趣，于是滔滔不绝地向他介绍家乡的美食。

马修一点也不了解湘菜的特点，尽管小布讲得很兴奋，马修也只能回应“是吗”“原来是这样”“真的吗”之类不冷不热的短句。

很快，小布和马修又没有话题可聊了。

小布终于感到累了，她不知道该怎样展开话题，不过她发现坐在右边的舒西和旁边一位同事聊得很开心，于是，她打算听一听舒西跟那位同事在聊些什么。

舒西说："天气越来越热，要是公司的茶水间准备一些冰饮就好了。"

同事说："是啊，今天最高气温有30℃呢。"

舒西有说："好在我们每天都在空调房里工作，风不吹，日不晒，也不错了。"

同事又附和道："那倒是。比起户外工作者，我们已经很幸福了。你知道吗，我以前负责联系业务，每天都要在外跑，那才叫累呢！"

舒西说："原来你以前负责联系业务啊，那工作真的很辛苦，每天要面对许多陌生人，很累的。"

同事接了舒西的话，很自然地聊起先前的工作经历来。

那天的聚会让小布感到沮丧，她很羡慕舒西，她发现舒西跟谁都聊得来，而自己跟谁都只能聊几句，气氛很快就会变僵。

小布琢磨了很久，还是没弄明白为什么舒西能顺利打开别人的话匣。

其实，舒西令沟通更顺畅的方法就是在聊天的时候为聊天对象提供认同感。

每个人都渴望被人认可。聊天时，尽可能向聊天对象表达你的认可，是促进沟通顺畅的一种方式。

如果，聊天对象没有主动向你发起话题，你无法表达自己的认可，这时候就需要你主动提供认同感了。

小布想找点话题跟马修聊一聊，首先她夸马修穿这件衣服很帅，这个头开得很好，因为夸赞也是表达认可的一种方式。

可是，后来小布说自己认识的大多数男生都比较邋遢，而马修就是一个男生，他无法认同小布的说法。即使小布说的是实话，他也不可能当即点头称是，因为没有人愿意认同他人对自己或自己同类的负面评价。

小布在描述自己认识的男生有多邋遢时，用性别将自己和马修划开了界限，马修听到那番话的时候，很可能会觉得小布是这样想的：我们不是同类，你的同类很糟糕，所以你也有可能很糟糕。

后来，小布又跟马修讲起关于家乡美食的话题，马修无言以对，因为他根本不了解小布的家乡有哪些美食，所以无法对这个话题产生认同感。

与小布相比，舒西的表现就好得多了。

舒西跟同事谈论天气，又说："要是公司的茶水间准备一些冰饮就好了。"首先，天气热是事实，对方多半不会否认这个事实；其次，提出公司茶水间应该准备冰饮，这是一个对双方都有利的主意，且不管这一想法是否能够实现，起码它必然能得到对方的认同。

这便是舒西提供认同感的第一步，这里的认同感可以称之为“利益认同”。

“利益认同”是指在沟通中提出对双方都有利的观点，这样的观点必然能获得对方的认同感。

接下来，舒西说：“好在我们每天都在空调房里工作，风不吹，日不晒，也不错了。”这句话描述的也是事实，在描述事实的同时，舒西还表达了自己的感受——“好在……也不错了。”而这种感受多半会与同事的感受重叠，因为大部分人当然认同夏天可以在空调房工作是一件还不错的事情，所以这句话也得到了对方的认同。

当同事聊到过去的工作经历时，表达了内心的感受：“每天都要在外跑，那才叫累呢！”

舒西顺着同事表达的感受延展了他的话题：“那工作真的很辛苦，每天要面对许多陌生人，很累的。”

舒西之所以讲这番话，是因为同事对上一段工作经历的评价是“累”，所以，用“那工作真的很辛苦”来描述自己对那种工作的印象必然能得到对方的认同。然后，舒西又说那份工作每天要面对许多陌生人，这种说法符合事实，也会得到同事的认同。

在整场聊天中，同事始终能从舒西的话中找到认同感，自然愿意与舒西聊下去了。

分析了小布和马修的对话，以及舒西和同事的对话，你学会提供认同感的聊天技巧了吗？

聊天时，如果对方没有发起可以令你表达认同感的话题，你可以主动制造认同感。但值得注意的是，你必须确保你提供的话题不是与对方相关的负面观点以及对方感到陌生的内容，否则不但制造不了认同感，还有可能会把气氛搞僵。

多用“建议”，而不用“命令”

玛吉是个好妈妈，但却不是个好妻子。

玛吉和儿子努努的关系很好，跟老公伟忠的关系却很差。

努努高三上学期的期末考试成绩不是很理想，玛吉认为儿子成绩突然变差肯定是有原因的，要知道高二下学期，努努期末考试成绩在班上排名第二。

玛吉询问努努成绩下滑的原因，努努什么也没说，只是保证自己下学期会努力的。后来，玛吉无意间在努努的书包里看到一封情书，这才知道努努喜欢上一个女生，且打算用情书向那个女生告白。

努努马上就要高考了，关键时刻不能分心。玛吉的确着急了，但她没有批评努努，而是认真地跟他聊了聊。

玛吉说：“我知道你喜欢上一个女生，你还给她写了一封情书。对不起，没有经过你同意我就看了那封情书。”

努努的脸一下子就红了。沉默了一阵子后，他向妈妈承认了自己打算向心仪女孩告白的事情。

玛吉说："或许你现在不必立刻向她告白。你可以把这份感情保存在心里，如果你真的喜欢她，就应该考一所好的学校，争取有一个好的未来，到时候再向她告白，成功概率会大很多。"

见儿子不说话，玛吉又说："当然，你也可以现在去告白，若她也喜欢你，那就更好了。只是现在不是恋爱的最佳时期，你可以跟她约定半年后在名校相见。"

努努采纳了妈妈的建议，打消了向女生告白的念头，并全力以赴地准备高考。

其实，玛吉与努努的沟通总是很顺畅，但她跟伟忠沟通的时候，情况就完全不一样了。

伟忠是某外企高管，有一份令人羡慕的工作，但他想辞职去一座旅游城市开一家民宿。玛吉听了伟忠的想法，勃然大怒，态度很强硬地对他说："不行。你必须留在公司！"

虽然玛吉的态度让伟忠很不舒服，但他还是耐着性子说："你不知道我压力有多大。这份工作年薪很高，可是我们现在经济条件挺好的，我觉得我们没有必要为了挣钱吃那么多苦。如果去旅游城市开一家民宿，你也可以辞职，我们应该好好享受生活。"

听了伟忠的话，玛吉不但没有平静下来，反而更生气了："不管你有什么理由，反正你就是不能辞职！"

伟忠感到哭笑不得："这是什么话？我觉得我自己的事情我自

己是可以做主的。”

玛吉快气炸了，她不想跟伟忠理论，只扔下一句“不准辞职”就走了。

最后，伟忠不顾玛吉反对，还是辞职了。

后来，伟忠如愿以偿地在旅游城市开了一家民宿。再后来，玛吉与伟忠就民宿的经营问题吵过无数次架，每一次两人都不欢而散，冷战好几天。

伟忠和玛吉的大部分朋友都认为这对夫妻经常吵架的原因是玛吉脾气暴躁，跟伟忠说话的时候态度不好，但其实态度仅是一方面的原因，更重要的原因是玛吉对伟忠提要求的时候，用的都是“命令”，而不是“建议”。

什么是“命令”，什么是“建议”？

不必刻意去字典里查这两个词的含义。简单而言，生硬直接地提要求是命令，委婉地表达想法则是建议。

命令以“我”为中心，建议以“你”为中心。

命令带有强烈的个人色彩，建议则把他人放在首要位置。

命令是不讲道理地强迫，建议则是合乎情理地劝导。

通常，命令的句式中都带有这样的词：“不准”“不行”“不要”“必须”……建议的句式中则会出现这类词语：“个人认为”“或许”“大概”“可能”……

玛吉在跟努努聊天的时候，会心平气和地给建议，跟伟忠聊天，却强势霸道地下命令。努努愿意接受建议，伟忠拒绝服从命令。

根本原因就在于大部分人其实是吃软不吃硬的。可能你会否认这个观点，那你可以试想一下，当你做了一个并非那么坚决的决定时，有人希望你改变这个决定，是直接跟你说“你必须按我说的做”会比较容易让你放弃决定，还是和颜悦色地劝你“我个人认为你的这个决定可能存在一点问题”会比较容易让你动摇？

即使你没那么容易放弃自己的想法，听到后一句话，你至少应该会想听对方说明反对你的原因吧。

为什么人们更喜欢听建议，而不是命令呢？

这是因为每个人都是独立的个体，都有主见，看待一项事物时会产生自己的观点。基于人人都希望得到认可的本能，每个人都会不自主地反对与自己思想相悖的观点。

即使两个人的观点是一致的，无论是哪一方都会认为在保留原观点的两个原因（坚持自我、相信对方）中，坚持自我比相信对方带来的愉悦感更强烈。

在你向某人发出命令的时候，无论理由是什么，首先给对方的感觉会是“我要你按我说的做”，或者“我不允许你遵从自己的想法”。

而当你给某人提出建议的时候，首先给对方的感觉会是“我的想法是……”，或者“我认为……会是更好的方法”。

二者不同的是，命令将沟通双方定位为从属关系，建议则将沟通双方定位为平等关系。平等沟通自然比非平等沟通更容易令人产生舒适感，交流也就更顺畅了。

只意会不言传的拒绝让感情更浓

大部分人认为拒绝是社交中最令人头痛的事。心理学家普遍认为，难以拒绝别人是因为无法接受“不被别人喜欢的自己”。

也就是说，我们会为了被他人接纳而不断地满足对方的要求，用这种方式成为一个受人欢迎的人，却不顾在其中耗费的时间和情感以及各种各样的其他成本。

其实，解释不敢拒绝他人的原因是老生常谈了，相信对大家来说，最重要的是找到拒绝他人的方法，而不是了解不敢拒绝的原因。

优雅而不失体面地拒绝他人，最简单的方法可能就是不把拒绝直接表达出来。

不直接表达拒绝不等于不拒绝。

有一种拒绝叫作只意会不言传。

思璇在广告公司做文案工作，文字驾驭能力很强。因为有这方面的优势，周围的人遇到与文字相关的问题都会找她帮忙。

其实，思璇是个乐于助人的女孩，发挥自己的优势去帮助别人绝对是令她感到开心的事。

可是，找她帮忙的人实在是太多了，他们的要求五花八门：有人要她帮忙写演讲稿，有人请她代写辞职报告，有人连自己的工作总结都交给她处理，还有人要她代写情书……

这些乱七八糟的事情看起来都是小事，堆积起来却会耗费大量时间。

有时候，思璇加完了班，累得要死，还要通宵达旦地帮朋友写文章，而那些拜托她的人却总是轻描淡写地说道："几百字而已，随便写写就行了。对你来说还不是小菜一碟。"

随便写写真的行吗？

如果思璇真的敷衍了事，"交稿"的时候，那些求她帮忙的人又会挑三拣四，找出一大堆毛病来，简直比她的上司还要严苛。

渐渐地，思璇很怕别人向她求助文字方面的事。每次有人求她帮忙时，她都很想拒绝，但她不知该怎么拒绝别人，尤其是那些轻描淡写地提出麻烦的请求的人。

有几次，思璇实在忙不过来，告诉求她帮忙的人："其实你可以在网上发布信息，有很多兼职者会来领任务的，用不了多少钱就能把事情搞定。”

没想到对方竟然给思璇戴高帽子：“这不是钱的事，我不信别人，我只信你，他们水平肯定不如你。”

人家已经明确地表示了信任，思璇就更难拒绝对方了。

后来，找思璇帮忙的人越来越多，几乎影响到了思璇的正常生活。思璇终于开始鼓起勇气拒绝那些人。

一开始，她对拜托她写东西的人说：“对不起，我很忙，每天都有很多事情要做。”

这种话拒绝了一部分人，但有些脸皮厚的，会说出一些类似于“求求你了”“拜托了”之类的话，甚至是哀求，逼得思璇“就犯”。

后来，思璇变得更直接，她对那些脸皮厚的人说：“不行，我不能帮你。”

其中有一部分人便在话里话外表示出“你这么做很不够意思”，“这点小忙都不帮，实在很不讲道义”之类的意思。

反正，请思璇帮忙的人总是有一万种理由说服她答应要求。

很多次，思璇要么强迫自己满足对方，要么得罪对方。两种结果都不是思璇想要的。

有一回，思璇请朋友帮自己修一些图片，对方对思璇说：“今天我有重要的工作要处理，你急的话，凌晨四点给你。”

思璇说："不用那么急，明天上午九点给我就行了。"

对方又说："无论你是明天上午九点要还是十点要，我都只能熬夜帮你完成。我每天的工作都排得很满，那些工作又实在不能拖，否则我有可能被炒鱿鱼。"

话说到这里，拒绝的意思就很明显了。思璇怎么好意思让对方熬夜到那么晚，更不可能因为自己的事，害得别人被炒鱿鱼。

于是，思璇对朋友说："谢谢你，我自己再想想办法。"

这件事让思璇学会了怎样拒绝。

后来，还是有人托思璇写东西，思璇不再找各种借口拒绝对方，也不会把拒绝说出来，她会告诉对方，自己为了做这件事需要付出什么，让对方意会拒绝的含义。

自打使用了这种拒绝方法后，思璇成功地拒绝了90%以上的请求，且是在双方情绪不受影响的状态下达成拒绝目的的。

如果你仍然无法理解只意会不言传的妙处。我们可以试着将普遍使用的拒绝方法进行一下简单的分类。

第一类拒绝法：直接说"不"。

用直接说"不"的方式拒绝他人，对不敢拒绝的人来说是非常困难的。

一旦“不”字讲出来，就会在对方的心目中留下不好的印象，虽然可以达到拒绝目的，但很容易伤感情。

当然，直接说“不”也未必能成功达到拒绝目的，比如那些喜欢用哀求方式请求他人帮助的人，就很难被拒绝掉。你会变得很被动。

第二类拒绝法：以借口拒绝。

用找借口的方法去拒绝他人，你必须对借口进行一番烦琐的叙述。对于对方来说，重点是能否达到获得帮助的目的。无论你的借口可信度多高，对对方的目的几乎无法构成威胁。而且，用借口去拒绝他人，很难避免对方绕开你的借口，继续向你发出恳求。

比如，思璇为了拒绝他人的求助，曾对对方说：“抱歉，我不能帮你写东西，因为今晚我要去约会。”

对方说：“没事，我不急，你有空的时候帮我完成就好了。”

很显然，对方完全不在意思璇的借口。而且对方说了“没事”两个字，这两个字表明他对思璇的推脱持宽容态度，他反而成为了善解人意的人，如果思璇再拒绝，必然会伤感情。

第三类拒绝法：含糊其辞地拒绝。

不好意思拒绝他人的人经常会用含糊其辞的方式去拒绝别人，比如，他们拒绝他人时会说："我不能保证是否可以帮你完成这件事。"或者说："我们改天再联系，因为现在我没时间处理你的事。"

这类拒绝会给委托方留有希望。对方很可能不会放弃目的。这样一来，对方便会一而再，再而三地请求你的帮助。

可以说含糊其辞地拒绝治标不治本，是一种后患无穷的拒绝法。

以上三种常用的拒绝法不但不能很好地达到拒绝目的，还极有可能损伤双方之间的感情。

而用只意会不言传的拒绝方法就不会存在这些问题。

在思璇受到委托时，她可以说："这个星期，我的工作量很大，每天晚上都要加班。这几天我又感冒了，本打算今晚加完班去医院的，事情那么多，我晚上就带着笔记本去医院帮你写东西吧，写完就给你发过去。"

只意会不言传的拒绝给对方传递的信号是，我没有拒绝你，但你可以衡量自己是否能承受得了我帮你忙的这份人情。

这样做可以避免你处于被动地位的状况。而能让对方主动放弃的拒绝法自然是最佳的拒绝方法了。

如果，对方是一个极其难缠的人，意会了你的拒绝，却还是不断对你进行恳求，至少，只意会不言传的拒绝法不会导致出力不讨好的结局。

其实，只意会不言传的拒绝法能让对方意识到你为了帮助他而做出的努力，他才会真正领你的情，你的付出也才有意义，而下一次他也未必好意思继续向你发起求助了。

第四章

谈好主话题，沟通更有趣

艺术家在创作一部作品的时候，会定一个主题。人们举办聚会，也喜欢定主题。准备演讲稿，更是要明确主题。

谈话其实也是需要主题的，与人聊天的时候可以定一个或多个主题。

但是，如果想让沟通更有趣，就不要在其中加入太多话题。

一场聊天，当然可以从天南聊到海北，可以前一句聊娱乐八卦，后一句扯生活百科，下一句接科学资讯……

但这样聊天，难道不怕沟通参与者觉得太累吗？对方刚对一个话题感兴趣，沟通主导人忽然转换话题，对方的思维再跳跃，时间久了恐怕也会有一种跟不上节奏的感觉吧。

其实，聊天的时候，认真把一个主题聊好了比在谈话中加入多个主题要有趣得多。

如果把每一场谈话内容罗列出来，编辑成一段文字，你会发现有主题的谈话的确比没有主题的谈话有意思得多。

我们在看一篇文章或一部电影的时候，也会喜欢有主题的作品。

如果一篇文章，第一段写的是美食文化，第二段讨论国粹精华，第三段又写欧洲历史，看完这篇文章，你大概会有一种不知所云的感觉。

而一部电影，每三分钟就换一个故事，有几十人出演，所有人之间毫无关联，戏份一样多，你会觉得这部电影很丰富、很有趣，还是觉得它太杂乱、太无聊呢?

即使是一部有几十人出演，没有主角的电影，也应当是有主题的。否则，这部电影就是一部无存在意义的作品。

如果你不希望自己参与的沟通是一场没有存在意义的谈话，就认真聊好主题内容吧。

至少有主题的谈话，沟通参与者的发言不会太松散，不会因为不断转换话题而出现发言不连贯，前言不搭后语的状况。

抓住好奇心，你的话就说对了

你知道吗，很多行业领先者都有一个技能，那就是善于利用他人的好奇心。

随便举个例子，你便能从中发现善用好奇心的妙处。

假想一下，此时此刻，你正在浏览网页新闻，有两个标题同时映入你眼帘，它们分别是《神童6岁会编程，12岁创办IT公司，16岁拥有千万资产》和《IT界再现神童，小小年纪取得惊人成绩》，你更有可能点开哪条新闻?

相信90%以上的人会对第一个标题更感兴趣。其实这两个标题可以用于同一条新闻，但第一个标题却能带来更多的浏览量。

当然，媒体应不应该为了博关注度在标题上过分做文章就另当别论了。

除了媒体行业以外，利用好奇心的技巧也渗透到了其他行业当中。

比如，国外有一家面馆因为采用了冰块制作的餐具盛放冷面而生意爆满，这是利用食客们对特殊餐具充满好奇心来揽客的。

再比如，一些商家故意在宣传海报上印上“一直很贵，这次却很便宜”的字样，同样是利用消费者对“究竟贵在哪里”以及“为什么这次很便宜”的好奇心来吸引关注的。

看来，各行各业的行家都懂能激发好奇心才能赢得关注度的道理。

如果你想成为一个聊天行家，自然也得学会抓住聊天对象的好奇心，只有聊天对象对聊天这件事有了足够的关注度，聊天的质量才能得以提升。

伊文喜欢跟身边的人讨论自己遇到的大小事件。在碰到麻烦的时候，她会主动向人求助。她很乐于收集周遭人的意见。

在伊文学会抓住他人的好奇心之前，很难征集到他人的意见。因为听她说话的人似乎很难集中精力认真倾听，偶尔给出回应，也只是“哦”“是吗”之类的敷衍，聊得久了，其中一些人还会哈欠连天，总是忍不住拿出手机来看，这样的反应逼得伊文只能放弃交谈，讨论便不了了之了。

有一回，伊文因为一次失误得罪了办公室里的同事，并遭到了大家的排挤。排挤持续了一周，伊文觉得很难受，但又不知道该怎么化解矛盾，甚至想用辞职的方式逃避问题。

无奈之下，伊文决定向几个朋友征求意见。

伊文想说："前段时间，我做错了一件事，连累了整组同事，大家都被扣工资了，我觉得很内疚。现在同事们都用冷暴力来回应我的歉疚，我是不是应该辞职？"

可是，伊文最终没有把这些话说出口，因为她能预料到，说完这番话，朋友们给出的回应差不多会是这样的：

"每个人都会犯错，用不着辞职吧。"

"过一段时间大家都会忘了这件事，别太在意了。"

"没关系啊，他们不理你，你也不用理他们，好好工作就是了。"

……

这些安慰起不到实质性的作用，很快这个话题就会被大家忽略掉，征求意见的事情又会不了了之。

所以，伊文打算用夸张一点的起始语来陈述自己的遭遇。

伊文说："昨天下午，我主动为同组的同事买了下午茶，结果没有一个人愿意吃，有一个同事还当着我的面把我买的蛋糕丢进了垃圾桶。"

这番陈述很快在朋友中激起了水花。

葛格惊呼道："天哪，你的同事怎么会那么没礼貌？"

阿穆也替伊文鸣不平："遇到这种同事，干脆辞职好了。"

于莲还算冷静，安慰了伊文几句："别听阿穆的，现在找份工作不容易。"

看到大家的反应，伊文知道自己已经成功把他们引入讨论之中了，于是乘胜追击："是啊，我也想过要辞职，但就是因为知道找一份工作不容易，才不敢因为这种事立刻辞职的。"

大家没再说话。

伊文又说："其实还有一个不愿意辞职的原因是，上次我被客户欺负，同组的同事都站出来替我出头，所以我觉得他们对我其实挺好的。"

阿穆一脸狐疑地问："以前他们愿意这么帮你，为什么昨天下午对你的态度会那么差？"

葛格也附和道："是呀，是不是发生什么事了？"

伊文借机把自己犯了错的事情全盘托出，之后，大家纷纷帮她出主意，最终，伊文没有辞职，她采用了于莲的建议，修复了自己与同事之间的关系。

经过了这一次意见征询，伊文发现如果想要得到更多的意见，又或者在聊天的时候希望每个人都能积极参与讨论，就要利用语言抓住他人的好奇心。

自从对好奇心产生兴趣后，伊文开始研究如何抓取好奇心的问题。她发现在描述一件事的时候，可以利用对方想知道"为什么"或"怎么会"的好奇心来设置起始语。

如果那天，伊文按原计划讲述整件事，大家对话题的关注度一定会很低。

伊文原本想说："前段时间，我做错了一件事，连累了整组同事，大家都被扣工资了，我觉得很内疚。现在同事们都用冷暴力来回应我的歉疚，我是不是应该辞职？”

一个员工犯了错连累了同事，被同事排挤，这并不能引起大家的好奇。大家最多给出一些安慰，伊文就得不到具体的建议了。

经过思考，伊文决定截取整件事情中最劲爆的部分说给大家听，于是她成功地抓住了大家的好奇心。

伊文很清楚大家一定认为正常的同事关系不应该会差成这个样子，而在一般情况下，也不会有人当面把别人买来的东西扔进垃圾箱。

正是因为伊文叙述中的“不普通情景”激起了大家的好奇心，他们想知道为什么会有这种事情发生，所以才会关注伊文的话题。

而当伊文聊到自己想辞职后，大家的关注度又降低了下来，因为一个受排挤的员工产生辞职的念头不足为奇。

为了调动大家的好奇心，伊文来了一个反转，她提到之前同事对自己的好，这就更令大家感到好奇了，原本的好怎么会转变成坏呢？肯定是有原因的，要探究原因，就得认真倾听伊文的叙述。

当所有人的好奇心都被伊文的叙述抓住时，他们的思维自然会围绕事件展开，给出的意见也会比较实用、比较具体了。

如果你也想体验一下由好奇心引爆的精彩聊天，可以试着在叙述中制造“为什么”“怎么会”，这样便能成功地将聊天对象代入话题当中，他们会因为想探究答案而认真关注你的话题。

谈话时，不要忘了顺势追问

小灰、阿天、永彬是一起长大的好友。

小灰最受女生欢迎，当然，除了阿天和永彬之外，他还有很多同性朋友，可以说，他是一个跟任何人都聊得来的人。

阿天的人际关系也还不错，不过在和别人聊天的时候，还是偶尔会遇到冷场的状况。

永彬的朋友最少，除了包括小灰与阿天在内的几个固定朋友以外，几乎没有其他朋友了。他不喜欢跟人聊天，而他接触过的大多数人也不认为他是一个好的聊天对象。

小灰、阿天和永彬都相过亲。

永彬的相亲场面是下面这样的。

女生说："假期我喜欢和朋友去爬山，上一次去爬山遇到了一件很有趣的事。"

永彬对爬山这项运动比较感兴趣，但他并没有很好地通过言语表达出自己的兴趣来。他只是说："好巧，我也喜欢爬山。"

这时候，女生会说："是啊，爬山是一项不错的运动。"

永彬不会提问，若继续表达自己对爬山的热爱未免太无聊，于是，爬山的话题到此就要结束了，两人只能重新找话题来聊。在转换话题的空当中，气氛比较冷，双方都会感到有一点尴尬。

如果跟永彬相亲的女生说的是永彬不感兴趣的话题，场面则会是这样的：

女生说："你知道吗，有一个女明星宣布婚讯了。我一直都很喜欢她，觉得她既漂亮，又有演技，没想到这么快就嫁人了。"

永彬对这种事一点也不感兴趣，也懒得问对方那个女明星究竟是谁，他只是随意地附和对方两句："确实很意外。"

这种敷衍式的应答很容易堵住对方的话。不换话题，两人真没法继续聊下去。

总之，永彬每次相亲的情形都差不多，两人聊着聊着，就没话可说了，总会陷入一种不断转换话题，不断冷场的循环中。

阿天的相亲场面却是另一番景象。

女生说："我最大的爱好是旅行，一有时间就会出去走走。"

阿天对旅行感兴趣，他会顺势追问对方："那你一定去过很多地方。其实，我也喜欢旅行，你遇到过哪些旅行趣事，可以跟我分享一下吗？"

这种时候，对方可以就旅行的话题聊下去，阿天也能听到自己感兴趣的内容。

如果女生聊到阿天不感兴趣的话题，情况则是这样的。

女生说："上个月我买了一双很贵的鞋，结果穿了几天，鞋底就脱胶了，以后再也不会买这个牌子的东西了！"

阿天对女生的鞋并不感兴趣，也不在乎什么牌子的鞋质量会差成这样，但他还是会追问一句："那双鞋是什么牌子？质量怎么这么差呀？"

有了这个追问，对方便会继续聊下去。

虽然在阿天的追问下，两人不缺话题聊，但对方才是聊天的主角，阿天几乎没有谈论自我的机会。

小灰的相亲场面跟阿天与永彬的相亲场面不同。

女生说："我喜欢听音乐，但我不喜欢流行音乐，我比较偏爱古典音乐，尤其是钢琴曲或小提琴独奏曲。"

小灰也喜欢音乐，他会追问女生："那你喜欢大提琴吗？我觉得大提琴协奏曲气势恢宏、魅力非凡。"

接下来，两人可以就音乐展开一番讨论，各自发表见解。

如果跟小灰相亲的女生说："最近上映的那部爱情片特别烂，我看了一半就睡着了。"

小灰会顺势问："近期上映的电影中也有值得看的，为什么不去看那部科幻片呢？”

这样一来，小灰既不用跟对方聊自己不感兴趣的爱情片，又可以把话题引到自己想聊的方向，过渡也不会显得太突兀。

对比永彬、阿天和小灰的相亲场面，你大概能够从中提炼出一些实用的谈话技巧吧。

分析三人的相亲情景，不难看出，顺势追问是延展话题的好方法。

永彬相亲的时候，女生说自己在爬山时遇到了一件趣事，如果永彬追问对方，究竟遇到什么有趣的事，就可以为对方提供发言的机会了。爬山会成为一个可以延展的话题，两人的聊天气氛便不会冷却下来。

而当女生说到宣布婚讯的女明星时，永彬也可以问问详细情况，但他对这个话题不感兴趣，于是便没有对对方提出任何与这个话题相关的问题。

阿天倒是懂得顺势追问的技巧，不过无论对方聊的是不是他感兴趣的话题，他的追问都是在鼓励对方发言，却没有给自己留下发言的机会。

这么一来，虽然跟阿天相亲的女生可以畅所欲言，但阿天在聊天中担任的只是配角而已，如此聊下来，对方只得到了展示自我的机会，却没有获得了解阿天的机会。

小灰不仅懂得顺势追问，还会利用顺势追问的方法把话题引到自己身上。

在女生谈论到音乐的时候，他提出了一个问题："那你喜欢大提琴吗？"与此同时，还说出了自己的看法："我觉得大提琴协奏曲气势恢宏、魅力非凡。"

这样的提问，不仅能鼓励对方发言，还制造了适度的"分歧"，既避免了过度附和的嫌疑，又能将双方都感兴趣的话题延展下去，还给了自己展示自我的空间。

而当女生谈论到小灰不感兴趣的爱情片时，小灰用了同样的技巧对女生发问："近期上映的电影中也有值得看的，为什么不去看那部科幻片呢？"

这个问题不仅巧妙地将话题转换到了自己感兴趣的"频道"，还为双方提供了发言机会，可以说是一个两全其美的顺势追问了。

你学会了小灰的顺势追问聊天法了吗？

如果，你的聊天技巧还停留在和永彬同一个阶段，可以先学习如何利用顺势追问的方式鼓励对方发言；如果，你的聊天技巧与阿天的相近，可以尝试在利用顺势追问鼓励对方聊天的同时，巧妙而自然地把话题转向自己，给自己和聊天对象提供同等的发言机会。

学会反问，让话题持续下去

前文提到了一种聊天技巧——顺势追问，顺势追问的确很好用，可是如果你遇到的聊天对象没有说出任何可以用来提问的内容，你该如何将话题延展下去呢？

或许，这种时候，你可以用反问的方式达到令对方持续话题的效果。

休羽在欧洲留学，留学生宿舍里住着来自不同国家的学生。

休羽有个来自澳洲的室友。刚开始，两人几乎零沟通。

后来，来自澳洲的同学经常会自制一些甜点分享给休羽。两人逐渐熟络起来，聊天的机会也很自然地变多了。

休羽不是很了解各国文化，听澳洲同学谈论到自己国家的时候，休羽不知道该说些什么，聊着聊着，话题就进行不下去了。

圣诞节的时候，澳洲的同学说："我们都是在夏天过圣诞节，这真是苦了那些做节日促销的商家了。你能想象吗，促销人员在

30℃以上的高温下，穿着红艳艳、毛茸茸的圣诞老人装，卖力地向路人宣传，光看到他们那副模样就觉得够热的了。”

休羽反问道：“难道你们没有夏天版的圣诞装吗？”

澳洲同学说：“根据商家要求身着圣诞老人装的促销人员确实比较惨，不过大多数人当然会在过节的时候放弃传统的圣诞装扮，比如拒绝佩戴圣诞老人的大胡子，又或者把红色的长裤剪成短裤，女孩们还可以戴着圣诞帽，穿着红色的比基尼去沙滩参加派对。”

休羽又反问道：“那么圣诞晚餐也在沙滩上吃吗？你们不觉得坐在沙滩上吃烤火鸡会更热吗？”

澳洲同学哈哈大笑，解释道：“澳洲的圣诞晚餐几乎没有火鸡，大家会用冷盘、奶酪和冷沙拉以及大虾来代替火鸡。”

休羽继续反问：“圣诞节没有火鸡，也没有大雪，你们不觉得节日气氛不够热烈吗？”

听到这样的反问，澳洲同学的聊天兴致更高了，她说：“夏天是蔬果丰收的季节，有水果沙拉、蔬菜沙拉，还有缤纷的鸡尾酒，谁会对火鸡念念不忘呢？再说，沙滩上的比基尼美人和拥有六块腹肌的年轻小伙就够看的了，就算没有大雪，也不会觉得圣诞节很无聊。”

那天，休羽用反问的方式激发了澳洲同学的聊天热情，让她能够持续不断地把话题进行下去。听了她的叙述，休羽了解了澳洲独特的圣诞文化，而那位同学也因为可以畅所欲言地谈论自己的家乡而感到非常尽兴。

可以说，那是一场愉快的聊天。

后来，休羽经常使用反问的方式使对方持续话题。她发现这个方法很有效，甚至比认同对方观点更有效。

虽然人们在聊天的时候会乐于回应自己得到的认同，但这时候的回应并非必要的。

如果聊天时得到的不是认同，而是提问，给出回应就是必要的了。若提问变成了反问，回应就会变得更有必要性，因为反问代表了质疑，大多数人在自己的观点遭受质疑的时候，必然会做出解释或辩驳。

所以，反问是引导对方将话题持续下去的有效方法。

其实，在此之前，休羽不是很喜欢对人提出反问，她总觉得代表了质疑的反问容易诱发不快情绪。

这种担忧不无道理。

比如，当一个人告诉你“大家都说我长得很好看”时，你提出反问:“你长得很好看吗？”对方必然会产生不快情绪。

再比如，去一个地方旅行，当地人对你说:“我们这里的人很好客，也非常注重礼仪。”你提出反问:“你们很好客吗？这里的人很重视礼仪？”

对方听了这种反问，心里应该会很不舒服吧。

反问的确容易导致不快。所以，想利用反问鼓励对方持续话题，务必注意以下两个问题：

1.你提出的反问不能带有针对性。

在提出反问的时候，你应当确保你的反问不是以揭短或批判为目的的。要做到这一点很简单，如果对方在自夸，不要提出反问，否则必然会使对方感到不快。

当然，如果你和聊天对象的关系非常亲近，针对性的反问也可以成为一种调侃。比如与你相处了十几年的好友对你说："我最近瘦了很多。"你当然可以用反问来跟他开个玩笑："你瘦了吗？"

可是如果你与聊天对象的关系不够亲近，请不要在对方自夸的时候乱用反问进行调侃。

2.提出反问前，最好过一过脑子。

不过脑子的反问很容易被聊天对象视为抬杠。

比如，有人跟你讲："我觉得女生穿白衬衫很好看。"你反问道："好看吗？明明很呆板。"这句反问就有点抬杠的意味了。

再比如，在人潮汹涌的候车室，朋友吐槽道："人也太多了吧。"你硬要反问一句："人多吗？那边明明空出好几个座位来。"这种反问听起来也非常像是在抬杠。

除非你对某人有偏见，才会在对方发言的时候，竭尽所能寻找对方逻辑上的错误，并用反问的方式跟对方唱反调。

假如，你只是想和对方进行一场正常的聊天，就不要动不动不过脑子地乱提反问。因为你随口而出的反问，很容易被对方理解为唱反调。这样一来，聊天便没法愉快地继续下去了。

若你也想试试用反问的方式鼓励对方持续话题，只需要注意以上两个问题即可。你可以学习休羽的反问——在提出反问的时候，语气认真一些，让对方感受到你的探究心理，便不会引发不快情绪了。

学会及时换话题，改变“尬聊”的僵局

美璐养了十二年的狗死掉了。她散步的时候遇到了狗友海珍。

海珍很热情地跟美璐打招呼，并问：“今天怎么没带你的狗狗出来？”

听到这种问题，美璐几乎要哭出来了。

海珍不是故意踩到美璐的聊天雷区的。只是，海珍不知道对于美璐来说，近期只要是与狗相关的话题都是她的聊天雷区。

在日常的闲聊中，触及别人雷区的状况可谓防不胜防。就算你知道，对大部分人来说，问人家“什么时候生小孩”“一个月赚多少钱”“房屋贷款还有多少年”等会闯入聊天雷区，你也没办法做到百分之百保证自己不会触及雷区。

像海珍这样随口提问都有可能会触及雷区，可见，要避开雷区真的不是很容易，大部分时候，不想触雷就只能靠运气了。

如果你加倍小心，运气却不是很好，还是不小心触碰了人家的雷区，也不必过分紧张，除非情况很严重，否则可以临时找个话题来缓解尴尬。

美璐的狗已经死掉三个月了，虽然她还是很想念她的狗，但随着时间的流逝，悲伤的感觉也逐渐变淡。

朋友聚会时，靖瑶问美璐："怎么没带你的狗来？你不是走到哪儿就把狗带到哪儿吗？"

美璐情绪低落地答道："三个月前，它死了。"

靖瑶马上意识到自己触及了雷区，说了"对不起"后，就赶紧转换了话题："你好像是自己坐车过来的，平时聚会都是男朋友送你来，今天他在上班吗？"

从狗的话题转换到男朋友的话题，虽然有点唐突，但这种时候只要能避开雷区就很好了。除非靖瑶太倒霉，美璐刚巧跟男朋友分手了，否则，聊男朋友的话题是可以继续下去的。

不过，这种踩到雷区的倒霉状况连续发生的概率很小，所以，不用因为担心会连踩两次雷区而不敢发言。

在踩到别人雷区的时候，不要纠结如何找一个平滑的台阶来成功转换话题，干脆随意扯一个话题来说，比花时间考虑怎样把话题转换得更自然要好得多。因为发生那种状况的时候，当务之急是把对方带出雷区，而不是认真挑选一个听起来不错的话题。

需要转换话题的状况不仅限于踩到雷区，有时候，发现自己选了一个对方不想听的烂话题时，也要及时转换话题。

靖瑶喜欢翰墨，翰墨第一次约靖瑶吃饭，靖瑶有点紧张，她不晓得翰墨究竟对哪些事感兴趣，但她不希望约会冷场，所以一直硬着头皮找话题跟翰墨聊。

靖瑶说："我追的那部偶像剧实在是太感人了，把我弄哭了好几次。剧里女主角的命运超级悲惨，她在孤儿院长大，被一个富家公子追求，两人历经千辛万苦，几乎要走到一起了，结果那个富家公子得了绝症。"

翰墨说："下班后你都会在家追剧吗？"

翰墨的提问把话题转换到了靖瑶怎样安排业余时间上，如果话题能顺利延展，两人还可以聊聊关于兴趣爱好的话题。

靖瑶说："也不是，有时候我也会跟同事去逛街。"

翰墨说："女生好像都喜欢逛街，你们通常会逛什么地方？"

表面上看这个提问是把话题转换到了逛街地点上，其实翰墨可以依据靖瑶给的答案了解她的消费观。

结果，靖瑶说："随便逛，什么地方都会去。"

翰墨又说："那下班后逛街，不用回家吃饭吗？你爸妈肯定会打电话催你吧？"

把话说到了这里，翰墨可以了解靖瑶是否仍然和父母住在一起。

虽然翰墨并不是很在意靖瑶是独居还是与父母住在一起，但至少不断转换话题打破了“尬聊”的僵局。

如果能通过转换话题引导对方谈及自己想了解的事，那就再好不过了；要是达不到这种效果，起码不会因为话题太难接而终止。

如果靖瑶一开始聊的不是偶像剧，而是足球，翰墨可能会很感兴趣，那样两人就有得聊了。

可是，靖瑶不仅把男生不感兴趣的偶像剧拿来当话题聊，还谈论了那部剧糟糕的剧情，翰墨没办法往下接，所以他很聪明地转换了话题。

之后，靖瑶又聊逛街的事。翰墨对逛街也提不起兴趣来，只好继续换话题。

如果翰墨不会转换话题，可能他和靖瑶第一次约会的气氛会很糟糕。

提出烂话题的靖瑶可能会得到翰墨敷衍的回应，那种感觉就好像被人泼了一盆凉水，聊天的兴致一下子就没了。

听烂话题的翰墨为了不让靖瑶失望，将就原话题强撑着聊下去，越聊越无趣，精神也越来越难集中，迟早要露出“我不想听这些”的马脚。

聊天的时候，无论你是提出烂话题的一方，还是听到烂话题的那一方，都应该在烂话题出现的第一时间及时转换话题。

作为烂话题的发起者，你可以兴致勃勃地讨论自己想说的事情，对方的心却因为话题乏味而飞走了，发现对方走神的那一刻，你肯定会觉得很尴尬。

而作为烂话题的倾听者，你要是勉强自己假装对对方提出的话题很感兴趣，随着话题的深入，恐怕没那么容易对答如流，最终，话题突兀地中断，大家都很尴尬。

及时转换话题，就可以避免陷入“尬聊”的僵局。

转换话题是非常容易掌握的聊天技巧，在烂话题出现的那一刻，像翰墨一样将话题连接到另一个话题上就可以了。

作为烂话题的发起者，不要纠结自己之前说过什么。转换话题时，对方的思路会随着你的转换很自然地进入下一个话题，他不会记得你曾经在某一次聊天时跟他聊过非常糟糕的话题。

而作为烂话题的倾听者，听到不想听的话题，不用急着抗拒这个话题，只要你有心接下去，随便找一点话题来“调包”之前的话题，就能把对方带出烂话题了。

告别冷场，用故事增加话题深度

在妈妈的逼迫下，松子一天之内相了两次亲。

上午见的男生姓陈，简称C君。下午见的男生姓周，简称Z君。

C君让松子对相亲感到失望透顶，要不是已经和Z君约好了，松子绝不愿意继续相亲。

松子和C君漫步在林荫道上。

C君说："今天天气不错。"

松子应了一句："是啊，风和日丽，挺舒服的。"

走了一小段路，松子看到不远处有几个男生在玩滑板，她不由得发出感叹："年轻真好，像我们这种年纪的人就不好意思在大街上玩滑板了。"

C君说："他们水平那么差，只不过是在哗众取宠罢了。这些男孩子可不是真的喜欢玩滑板，他们是想吸引女孩子的注意力。"

松子听了C君的吐槽，觉得有点尴尬，她问道："你不喜欢运动吗？要知道，在女生眼中，爱运动的男人更有魅力。”

C君说：“我不是不喜欢运动，我只是不会在大街上进行自己不擅长的运动。用这种方法博眼球，很蠢的。”

松子觉得C君是个故作清高的人，这让她有点不舒服，但约会才刚刚开始，她也不好意思随便找个理由脱身，刚好看到街边有一家冰淇淋店，于是她便提议去那家店里坐坐。

松子和C君刚坐下来，听到隔壁桌的哄笑声，两人同时扭头，看到几个女生围着一个男人，他们正聊得火热。

松子说：“那个男人一定很有幽默感。”

C君对此嗤之以鼻：“又是一个哗众取宠的男人。”

松子感到有些无奈，在C君眼中，这个世界充满了哗众取宠的蠢人，松子想，既然C君有这样的想法，那他自己一定很有趣吧。

松子耐着性子跟C君聊下去，可接下来的聊天内容甚是乏味。

不管松子说什么，C君似乎都不感兴趣，最后，松子干脆闭嘴了，她想听听C君会跟自己聊什么。

然而，松子住口后，C君几乎不再发言。

约会很快冷场，松子认为C君对自己没有好感，于是打算起身告别，但令她没想到的是，C君忽然说：“我可以加你微信好友吗？希望下次还能跟你约会。”

松子说：“其实我不用微信的。”

离开那家冰淇淋店后，松子就把C君的电话号码拉黑了。

在松子看来，自己和C君都是普通人，但很显然，C君不是这样认为的。他好像觉得其他人的品位都很差劲，而松子给了他展现自我的机会，他又聊不出什么高明的见解来。

说实在的，C君这类人的社交价值很低，还比不上愿意“哗众取宠”的人。

因为C君，在跟Z君见面之前，松子做好了失望的准备。

松子和Z君在一家咖啡屋见面。他们在临窗的位置坐了下来，窗外有人牵着一只雪白的萨摩耶走过。

Z君顺势问松子：“喜欢狗吗？”

松子说：“喜欢，但是因为每天要上班，没有时间照顾宠物，所以我没有养狗。”

Z君说：“是的，忙碌的上班族不适合养狗。有责任心的人在决定养狗的时候都会考虑自己有没有能力照顾它。看来，你就是有责任心的人。”

松子笑了笑，没说话。

短暂的停顿后，Z君又说：“我的时间倒还算充裕，所以我养了一只狗。这只狗是捡来的，也是一只萨摩耶，现在四岁了。把它捡回来的时候，它只有八公斤重，萨摩耶是大型犬，一只八公斤的大型犬有多瘦，你可以想象得到。当时，我感觉它就快要死了，它独自躺在垃圾堆旁边，身上的毛几乎掉光了，全身长满了疮。我注视着它，它的眼神似乎在向我求救，我脱下外套，把它包住，带回家后精心地照料了一周，它的状况才渐渐好了起来。现在，它健康得很，就像刚才窗外经过的那只狗一样，全身的毛如雪一般白，我给你看它的照片。”

说着，Z君掏出了自己的手机，让松子看狗的照片。

松子看到那张照片后，忍不住赞叹起来：“它好漂亮，一点都看不出它曾经是一只流浪狗，幸好你收养了它。”

这时，松子对Z君已经产生了好感，听Z君讲述了关于狗的故事，松子认为Z君是个负责任且有爱心的男人。

Z君笑道：“是啊，它个头很大，全身都是白色的毛，好像一只北极熊。对了，说到北极熊，我去年有幸跟朋友去北极见到了真正的北极熊。那种感觉真是超级棒！你知道吗，北极熊的毛其实是透明的，它们的毛是一根根中空而透明的小管子，这些小管子在阳光的照射下会变成金黄色，阴天的时候，毛管对光的折射和反射会比较少，所以，人们就看到了白色的北极熊。虽然只能远远眺望它们，但那种激动的心情是难以言喻的。不过，可惜的是那次在北极待的时间不算长，本来打算看极光的，结果因为临时有事要处理就提前离开了，接着去了巴黎，也就没有看到极光了。”

听了这段叙述，松子对Z君的好感升级了。她在想，Z君经常出国吗？他不仅去了北极，还去了巴黎，他去巴黎干什么？他是不是会说法语？

不过，松子没有直接把疑问说出来。她只是问了一句："你的工作时间不是固定的吗，怎么有时间到处跑？"

Z君说："我每年只需要抽半年时间工作就够了。可能我拥有的自由支配时间的确比普通人的多一些吧，只是最近比较忙，表姐开了家音乐学校，还没有请到教小提琴的老师，暂时只能由我去代课了，所以今天不能陪你太久。"

在见到Z君之前，松子本来打算敷衍一下就走，但没想到当Z君说他不能陪她太久时，松子竟然感到有点失落。

松子看了一眼墙上的挂钟，发现已经过去了一小时，她以为自己只跟Z君聊了十几分钟而已。

虽然，松子与Z君是第一次见面，但聊天氛围却非常好，自始至终没有出现冷场的状况，松子认为是Z君的故事起了作用。

松子不仅通过Z君的故事感受到Z君的善良与爱心，还了解到Z君是个有才华且有财力的男人，他可以满世界跑，还会拉小提琴。这个男人的确很不错，至少他把那些故事讲得绘声绘色，不会让聊天变得无聊乏味。

看来会讲故事的人的确比什么都不肯聊的人更有魅力。

从松子和Z君的对话中可以看出，Z君似乎在故意博取松子的好感。至于Z君是否真如松子想象中那么优秀，那就要靠松子自己想办法去验证了。

聪明的你要是愿意认真揣摩C君和松子的对话，一定会发现，其实C君也想赢得松子的好感。他一味吐槽别人层次低，无非是想表明自己比那些人更有品位。而他又无法通过具体方式来展现自我层次，就弄巧成拙地成了一个只会吐槽的人了。

如果Z君在聊天的过程中直接上演“王婆卖瓜，自卖自夸”的那一套，虽然也有可能因为自信而赢得松子的好感，但比起空洞的自夸，故事更容易给松子留下深刻印象。

故事比一本正经的言语更具吸引力。人们在听到故事的时候会根据故事中描述的场景想象出一幅画面来；人们在听到一堆空洞的词句时，却很难根据抽象的语言想象出画面，那些词句就只能化为左耳进右耳出的废话了。

你学会了吗?

用故事增加话题的深度，比直接说抽象的语言要管用得多。

应景的幽默，是对话中的“彩蛋”

没有人会拒绝跟一个有幽默感的人聊天。比克也一样，他最喜欢跟阿瓜聊天，阿瓜就是一个有幽默感的人。

好几年前的一个下午，比克心情很糟。阿瓜找他聊天，他不想搭理阿瓜，便敷衍道：“别理我，我想静静。”

阿瓜故意做出恍然大悟的样子：“原来你喜欢的女生叫静静啊。”

那时候，这个冷笑话还没有流行起来。比克第一次听到这个笑话，当时就笑了，心情也好了一点。

除了利用幽默感安慰别人以外，阿瓜还特别会用幽默感调节气氛。

有一次，比克、阿瓜跟一大堆朋友去野餐，去之前大家已经分配好了每个人要带的东西，阿瓜应该带纸巾和水果。

结果，阿瓜只带了水果，没带纸巾。

这本来是一件小事，但有个喜欢抱怨的女生埋怨起阿瓜来：“你记性怎么那么差？你应该提前记下来自己要带什么东西的。”

阿瓜立刻向大家道歉，可那个女生还是继续抱怨：“我从来没有见过记性像你这么差的人，只让你带两样东西，你都记不住。”

阿瓜无奈地笑笑说：“这大概是因为我是属鱼的吧。”

大家听了这种话，一头雾水，有人问道：“十二生肖中有鱼吗？属鱼跟记性差有什么关系？”

阿瓜说：“难道你没听过吗，鱼的记忆只有七秒。”

这个冷笑话让其中一部分人笑了起来，阿瓜又煞有介事地问道：“对了，刚才你们在聊什么？”

这时候，所有人都笑了起来，尴尬的气氛立即得以缓解。

比克很羡慕阿瓜的幽默。

有一回，阿瓜在微信朋友圈发了一张自拍，其中一个朋友给出了不太友好的评价：“手机像素好像不怎么样，拍出来的照片模模糊糊的。”

阿瓜回应道：“钱锺书说过，对于丑人，细看是一种残忍。为了不让你们对我太残忍，我只好把照片拍得糊一点，这样你们就没办法细看我了。”

阿瓜用一句幽默的话化解了不太友好的留言可能引发的尴尬。比克觉得这个真的超级厉害。

见识了幽默感的“威力”，比克便开始努力培养自己的幽默感，为此，他把自己在网上搜索到的一百多个冷笑话都背了下来。

有一天，比克陪堂姐去逛街，没想到堂姐叫上了她的闺密，两个人一边逛一边讨论怎样减肥。

堂姐说：“我真的应该好好减肥了，你看我身上这条裙子，去年穿的时候还很宽松，今年再拿出来穿，竟然有点紧。”

堂姐的闺密说：“我还不是一样，去年买的牛仔裤，昨天拿出来穿，紧得都快把我勒死了。”

比克立刻想到了自己背过的一个冷笑话，生怕过一阵子会忘记，赶紧打断堂姐和她闺密的聊天，对她们说：“你们知道为什么蜘蛛侠要穿紧身衣吗？”

堂姐和闺密摇摇头。

比克说：“因为救人要紧啊。”

这个冷笑话没让堂姐和她的闺密笑起来，反倒把气氛搞冷了。

比克不知道为什么自己的幽默感不管用。不过，他倒也没有因为一次失败就灰心，之后他又背了更多的冷笑话，经常拿来讲给别人听，可是十次至少有七次会冷场。

其实，聊天的时候，表现幽默感不是重点，把握主要话题才是聊天的重点。但幽默感的确能够起到画龙点睛、锦上添花的效果。

看电影的时候，有些人会一直坐到字幕播放完毕，“彩蛋”出现，把“彩蛋”看完才满足。

如果把聊天比作电影，应景的幽默就应该算是“彩蛋”部分。幽默不一定能对整场沟通产生实际意义，你可以忽略它，但有了它，会更容易让聊天对象感到心情愉悦。

看电影时，喜欢等“彩蛋”的观众一定会发现“彩蛋”和电影本身的剧情是有关联的。

如果电影结束了，你看到的“彩蛋”和电影没有一点关联，大概会觉得这个“彩蛋”来得莫名其妙吧。

聊天也一样。在跟人聊天的时候，硬生生把自己提前备好的笑话加进去，对方若肯捧场，也最多只是露出一个敷衍的笑容罢了，这未免有些尴尬。

所以，幽默感和直接背笑话是两码事。

如果你想用背笑话的方法逗人发笑，首先你得确保你背的那个现成的笑话是应景的。

比如，有个冷笑话是这样的：“姗姗是个特别喜欢迟到的女生，因为姗姗来迟。”

这个笑话可以在自己迟到的时候用来自嘲，将它稍微改变一下：“对不起，我又迟到了，可能我的小名叫姗姗吧。”

虽然这也算是在背现成的笑话，但它是应景的，不会给人特别突兀的感觉。

阿瓜比比克幽默，并不是因为他很会背冷笑话，而是因为他的幽默是应景的幽默。

比克心情不好，说自己想静静，阿瓜就顺着比克的话往下说："原来你喜欢的女生叫静静啊。"

这种幽默来得很自然。

反之，比克在堂姐和她的闺密抱怨衣服变紧时，突然扯出一个蜘蛛侠穿紧身衣的冷笑话来，虽然这个冷笑话跟两个女生讨论的话题相关，但这两个话题不能达成完美的"无缝衔接"，就很难获得期待的效果。

为什么应景的幽默比背现成的笑话要好得多？

理解这一点并不困难。

试想一下，你和朋友坐在列车上，朋友从包里拿出了零食和水果跟你分享，你却忽然不知道从什么地方端来火锅，要跟大家一起吃，就算你的火锅再好吃，别人也会觉得很奇怪吧。

应景的幽默就是朋友拿出来的零食和水果，背现成的笑话就是在列车上请人吃火锅。大家肯定会比较乐于接受零食和水果，而对于吃火锅的盛情邀请就不知道是该拒绝还是该给个面子尴尬地接受了？

如果你不希望你的热情被人当成莫名其妙的突发状况看待，就别用硬生生背现成笑话的方式表现幽默感。

若你有心提升自己的幽默感，可以试着从自嘲开始，因为自嘲是最容易"上手"，也最"安全"的幽默，且极其容易应景——你只需要根据对方的批评适当抹黑自己就好了。

“阶段式说服”让人更容易接受

小斯打算把房子卖掉，再把工作七年攒下的积蓄全取出来，用这些钱去环游世界。

小斯把这个想法告诉了几位好友。

大喜第一个跳出来反对，她说：“这么做太不明智了，你难道没有考虑过后果吗？你真是太幼稚了！”

小斯立刻辩驳：“我不觉得很幼稚，人生短暂，难道不应该趁年轻努力实现自己的梦想吗？”

这时候，密莉提出了一个疑问：“环游世界要用的时间可不短，你请得了这么长的假吗？公司可不会空着一个职位，等你玩够了回来。”

小斯摆出一副不以为意的样子，说道：“我可以辞职啊！反正这只是一份朝九晚五的普通工作，日复一日做一些无聊的事，根本没什么前途可言。为了它耽误自己的梦想，实在不值得。”

见大家的劝解不奏效，艾莫忍不住插嘴了：“辞职环游世界是很酷，可是你想过没有，旅行结束了，你最终还是得回来。回到这里后，房子没了，工作也没了，离开职场好几年，寻找下一份工作的难度会很大，而你把所有积蓄都花光了，到了那个时候你总不能靠父母的接济过日子吧？你爸妈的年龄可不小了，难道你想让他们为你操心吗？”

艾莫的话很有道理，小斯似乎有一点动摇了，不过，短暂的沉默后，他又重燃了辩驳的斗志：“我干吗要想那么多，想那么远？我只知道现在我想环游世界，而且我可以实现这个梦想，为什么要为了所谓的现实放弃它呢？”

看来，小斯铁了心要去环游世界了。

杰里不愿意看朋友做出太偏执的事，他想了一阵子，对小斯说：“你要环游世界，我有更好的方法，何必要为了这点事又卖房又辞职，还要害得两位老人为你担心？”

小斯立刻问道：“什么方法？”

杰里反问：“你每年不是都有长假吗？所以，干吗要为了环游世界辞职？”

小斯觉得杰里说得有道理，但他又提出了新的问题：“现在时间的问题解决了，钱的问题还没解决呢。”

杰里不紧不慢地说：“钱的问题是最容易解决的了。好好工作，老板会给你加薪，然后，你还可以再找一份兼职，多赚一点钱，一年只需要攒几万块就可以趁长假的时候出去一趟了，十几年下来不就把世界游个遍了吗？”

小斯说：“那我还是得把房子卖了吧。就算再找一份兼职，收入多起来了，我还得还房贷，一年哪攒得下几万块？”

杰里忍不住拍了小斯一把，埋怨道：“你怎么那么笨！干吗一根筋非要卖房啊？你可以搬回父母家先住着，把房子租出去，房租就够你还房贷了啊！”

小斯想了一阵子，忽然一拍大腿，同意了：“这样好像很不错啊。”

最后，小斯不仅没有卖房，也没有辞职，工作还更努力了，又通过兼职学到了新的技能，整个人的状态越来越好。

不能说这一切都应当归功于杰里，但小斯的确因为他的说服做出了更明智的选择。

其实，环游世界不是什么坏事，没什么值得劝解的，大家之所以想说服小斯放弃环游世界的念头，是因为所有人都知道以小斯现在的条件，卖房辞职去环游世界实在很不现实。

小斯做出这种不现实的决定，肯定不是因为大喜所说的他没有考虑后果。

在做决定之前，小斯百分之百想过后果。他之所以没把后果当回事，是因为他认为为了环游世界做出一些牺牲是值得的。

大喜的反对、密莉的质疑和艾莫讲的道理，都是在提醒小斯要注意后果。若他真的不敢接受后果，早就进行自我否定了。

可是，即便小斯愿意为了环球而接受各种后果，如果有一种方法可以避免承担糟糕的后果，又能实现环游世界的梦想，小斯肯定会接受，毕竟在鱼与熊掌可以兼得的情况下，任何人都会选择兼得。

所以，杰里就提出了一个鱼与熊掌兼得的方法，用这个方法说服了小斯放弃为了环游世界而辞职、卖房的念头。

小斯听了杰里的方法，赞叹道："这样好像很不错啊！"

其实，认真分析，你会发现杰里的方法并不高明，小斯自己肯定也想得到，但是为什么这个方法由杰里提出后，他会对其大加赞赏呢?

原因就在于大喜、密莉、艾莫的说服来得太激烈，他们站到了小斯的对立面，小斯不会去思考他们的观点是否正确，而会急切地去抵抗这些观点。

当小斯抵抗大喜、密莉、艾莫的说服时，会进一步肯定自己原本持有的观点。他陷入了一种固执己见的状态中。

相较之下，杰里的说服却没那么激烈。他首先说服小斯利用长假旅行，这个观点比较容易被接受；待小斯接受了这一点后，他又提出用做兼职的方法增加收入，解决钱的问题，这一点听起来，也比较好接受；接下来，杰里就开始说服小斯不要卖房子了。最终，小斯接受了杰里的三个观点，其实这三个观点合起来，跟大喜、密莉、艾莫的观点一样——可以环游世界，但不要为了环游世界而辞职、卖房。

每个人在接纳与自己意见不同的观点时都需要一个过程，大喜、密莉、艾莫把过程省略了，要小斯直接接受他们的观点，这样做的成功率很低。

杰里用循序渐进的方法说服小斯，先从小斯比较容易接受的观点开始，用递进的方式说服小斯，给了小斯接受自己观点的过程，效果就好得多了。

这种循序渐进的说服方法可以被称为“阶段式说服”。

“阶段式说服”更容易让人接受的原因就在于它不容易让人产生抵触情绪，被说服方不易产生抵触情绪，也就不会固执己见了，更不会在内心强化自己原本持有的观点。

“阶段式说服”能够让固执己见的人放松情绪，在情绪松懈下来时，说服方就可以“乘虚而入”，成功说服对方了。

用具体事例说明道理，让聊天过程更丰满

黛斯沉迷于社交网不可自拔，常常为了发一条看起来不错的社交状态大费周章。

比如，黛斯经常会网购一些奢侈品，并认真为那些东西拍照片，然后把照片发到社交网上，再把买回来的东西全部退掉。

再比如，黛斯会在睡前花两个小时化妆，然后躺在床上，拍一张自诩素颜的晚安照，发到社交网上等别人点赞。

总之，黛斯愿意为在社交网上打造完美形象而消耗不计其数的时间和精力。黛斯的男友于非却认为这事儿得不偿失。

有一次，于非和黛斯去旅行，黛斯为了拍一张完美的照片，竟然站到了山崖边。山崖下面是呼啸的大海，当时风很大，黛斯的行为极度危险。

于非赶紧上前阻止，他一把把黛斯拉到身边，略生气地质问："你怎么能这样？"

黛斯甩开于非的手，回到那个危险的位置，掏出了手机，一

边自拍一边说："要拍一张能得到大家点赞的照片没你想象中那么容易，只有站在这个地方，才能把最美的风景和自己一并拍下来！"

于非提心吊胆地看着黛斯把照片拍完，与此同时，他下定决心要跟黛斯就社交网的问题谈一谈。

回到酒店后，于非对黛斯说："我觉得你太沉迷于社交网了，今天为了拍一张照片，连性命都不顾。你知道吗，如果你从那个山崖掉下去，百分之百会死！"

黛斯不以为然地敷衍道："好了，好了，我现在不是没事吗？"说完，她还打开社交网让于非看："你看这张照片得到了多少人点赞！这表明我为了它冒险是值得的。"

于非理解不了黛斯的逻辑，他继续跟黛斯讲道理："我不觉得一张照片值得你冒险。你看看你发在社交网上的那些照片，有多少能反映你的真实生活状态？"

黛斯不耐烦地说："知道了。你不就是觉得我虚荣吗？"

于非不想惹黛斯生气，他起身给黛斯倒了杯水，然后耐心地对黛斯说："我们难得出来玩，我希望这次旅行能给你留下美好的回忆，而不仅仅是一些可以发在社交网上的照片。明天不要带手机出去，我们好好地欣赏一下外面的风景，好吗？"

黛斯一边答应于非的要求，一边忙着回复社交网上的留言。

于非实在受不了了，他一把夺过黛斯的手机，严肃地对她说：

“你能认真点吗？我在跟你说话，我觉得你真的不能再这样下去了。”

黛斯见于非快要发火了，这才认真听他说话。

于非说：“我觉得社交网只是用来与朋友分享自己的生活状态的，偶尔发一发状态没什么问题，要是把大量的时间都花在社交网上，一定会错过生活中许多真实的美好。”

黛斯点头称是。

于非又说：“熟悉你的人难道不清楚你的真实生活是什么样的吗？这些人看到你在网上秀优越，他们不会羡慕你，反而会因为你的虚荣而鄙夷你。就算不熟悉你的人会因为你华丽的社交网而羡慕你，这对你来说又有什么意义呢？”

黛斯打着哈欠继续点头。

见黛斯没有反驳，于非不厌其烦地讲道理，讲着讲着，他发现黛斯竟然睡着了。看着黛斯熟睡的样子，他感到哭笑不得。

第二天，于非把黛斯带到海边，两人坐在清晨的海滩上。

于非说：“昨天我看到一条新闻，一个留学生因为沉迷社交网坐牢了。”

黛斯一听到“社交网”三个字就有点不耐烦，她回复道：“你不要编瞎话骗我，怎么可能因为沉迷社交网而坐牢？难道有哪条法律规定不能玩社交网吗？”

于非说：“我没骗你，这是真事。有个女孩特别喜欢玩社交网，而且跟你一样，希望每一条社交状态都能得到别人点赞。出国留学后，她结交了一些富有的朋友。有一次，她无意间坐在朋友的豪车上拍了一张照片，并把这些张照片发到了社交网上，短短十几分钟就收到了几十个赞，还有朋友对她表示羡慕，因为大家以为那辆车是她的。”

黛斯好奇地问：“就算这样，也不至于会坐牢啊！”

于非说：“她当然不是因为这件事入狱，精彩的故事在后面呢！”

黛斯缠着于非把故事讲完，这正合于非的心意，他慢条斯理地讲道：“晒豪车得到了许多人的羡慕，这比努力学习获得高学位，通过自己的奋斗成为真正令人羡慕的有钱人来得容易，所以，那个女孩炫富上瘾了。她去朋友家做客时记住了人家密码锁的密码，朋友出去旅行时，她偷偷闯入那位朋友家，并在别人家里拍了很多照片，一副她才是豪宅主人的样子，然后把那些照片发到了社交网上，顺利地得到了点赞。不过好景不长，照片很快就被豪宅主人看到了，那个人告她私闯民宅。最终，她因此入狱。”

黛斯听完若有所思，但很快她就为自己辩解道：“我是喜欢炫富，不过胆子没她大，不会做出这种事来。”

于非说：“她也没想到自己敢做这种事，如果晒豪车的那张照片没有获得那么多赞，她的虚荣心没有得到满足，可能就不会得寸进尺吧。所以有时候我挺担心你的社交状态获赞太多，会令你越发沉迷于社交网，不知不觉犯下不可挽回的错误。”

这回，黛斯不说话了。

于非又说："之前我还看过另一则关于社交网的新闻。那个女孩和你一样为了拍一张漂亮的自拍站在风特别大的山崖边，后来，从山崖上掉了下来，在重症监护室住了几个月。医生说，在这种情况下十个有九个会死，只有一个才可能是重伤，那女孩没死，算是不幸中的万幸。不过，从那以后，她再也没有玩过社交网。我实在是不希望发生了不可挽回的事你才知道，为了发一张好看的照片，冒生命危险是不值得的。"

黛斯依然没说话，但看她的表情，于非知道她把道理都听进去了。

于非在心底感慨，看来，干巴巴的道理的确很难让人接受，用具体事例来说明道理，效果就好得多了，至少听道理的人不会因为道理乏味而睡着。

在生活中我们经常会遇到一些"好为人师"的人，他们喜欢把自己的观点强加到别人身上，喜欢以经验服人。

"好为人师"之所以令人讨厌，是因为每个人的人生经历不同，对待人或事的看法也不一样，自己受用的道理未必适用于他人。一个人若"好为人师"免不了会否定他人，抬高自己。所以，许多人反感"好为人师"的人。

其实，"好为人师"不应该被看作一种恶习，中国有句古话："不听老人言，吃亏在眼前。"这句话的意思是，若有幸得到前辈的指导，理应虚心听取，否则无法有效规避错误发生。

喜欢跟人讲道理的人大可不必把“好为人师”当成需要改正的缺点对待。但要注意的是在与他人分享道理时，不要把聊天当成讲课，别只会传授干巴巴的道理，即使这么做未必会引起对方反感，也会让听道理的人觉得整个聊天过程非常枯燥乏味。

希望对方接受你的道理，不妨先用具体事例引起对方的兴趣，在对方注意力集中的状态下以事例引出道理，不仅更容易达到传授道理的目的，也可以使聊天过程丰满起来。

巧提问，让别人把你的观点当成自己的去接受

林殊开了家宠物用品店，生意好得不得了。

明媚是林殊的好友，见林殊的宠物用品店生意不错，自己也开了一家同样的店。

几个月后，明媚找林殊诉苦：“我的生意太差了，我们卖的都是同一个品牌的货，为什么你的东西就是比我的好卖？”

林殊说：“我的顾客愿意接受我的推荐，所以生意还不错啦。”

明媚叹了口气，道：“怎么我的顾客就不愿意接受我推荐的东西呢？”

林殊笑说：“你说说看，你是怎样推荐产品的？”

明媚说：“其实吧，很多顾客根本不懂宠物用品。比如，有些顾客喜欢浓香沐浴液，他们觉得香味浓郁的沐浴液才能遮盖宠物身上的体味，这种时候，我会告诉他们，我不卖浓香沐浴液，因为淡香型的沐浴液才更适合宠物，对狗而言更是如此，浓香沐浴液会影响狗的嗅觉。我的观点没错，但他们就是不听我的！”

林殊说：“你认为你的观点是对的，可顾客不这么认为啊！在他们看来，你不过是个宠物用品店的老板，又不是什么权威人士，他们肯定不会那么容易接受你的观点。再说，大部分顾客都觉得你无论说什么，都只是希望能把商品推销出去，自然会一意孤行，相信自己的判断。”

明媚抱怨起来：“可我说的是对的，他们就该听我的，这方面我比他们专业得多。”

林殊又笑了，她说：“看来，平时你就是抱着这种态度去跟客人沟通的，难怪人家不肯买你的东西。要知道，如果你的态度是‘我说的是对的，你就应该听我的’，那你的沟通一定会失败。”

明媚不明所以地问道：“那我该怎么办？”

林殊说：“要顾客接受你的观点再简单不过，你只要对他们提问就好了。”

“提问？”明媚更加不解了，“提问有什么用？”

这时候有顾客走进了林殊的店，林殊只好对明媚说：“待会儿再聊，我要去招呼顾客了。”

明媚只能先坐下来，耐心等待。

顾客问林殊：“你这里有宠物钙片吗？我想给我家狗买一瓶。”

林殊问：“请问您家的狗挑食吗？”

顾客说：“比较挑食。”

林殊说：“那我不建议您购买钙片，我建议您用宠物奶粉来给狗补钙。”

顾客看了一眼林殊递上来的宠物奶粉，说：“一瓶钙片几十块钱，够吃好长时间，这奶粉那么贵，看起来也吃不了多久，我觉得还是钙片实惠。给我拿钙片吧，我把钙片拌到狗粮里让它吃就行了。”

林殊说：“之前有顾客跟我反映把钙片拌到狗粮里，狗还是能闻得出来，连狗粮都不吃，买回家的钙片放到了过期只能扔掉。您不觉得花几十块钱买一瓶会被丢掉的钙片比花双倍的钱买一罐能被狗接受的奶粉更浪费吗？”

顾客想了想，说：“那倒也是，可是这个奶粉真的太贵了。”

林殊笑了：“算下来其实不贵，如果不给狗及时补钙，狗不仅牙齿会出问题，还容易有口臭的毛病，关节和骨骼也会坏掉，您肯定舍不得自己的狗受这些罪吧？再说，如果缺钙的问题严重，还得带狗去宠物医院强制补钙，到时候花销更多，您也知道宠物医院收费有多贵吧？”

林殊这么一问，顾客立刻做了决定：“好吧，帮我拿一罐奶粉。”

顾客结账的时候，林殊又说：“我们店刚到了一种特别吸水的宠物尿片，您要不要看看？”

顾客说：“我家狗从来不用尿片，直接在地上大小便，随便处理一下就好了。再说了，用尿片不也要收拾吗？”

林殊说：“清理狗的大小便是一件很麻烦的事，而且每次清理完都要拖几次地，有时还未必能达到除味的效果。有时候有朋友登门拜访，闻到难闻的气味，您肯定觉得很尴尬吧？”

顾客点点头，随即问道：“用宠物尿片就不会这样了吗？”

林殊说：“是啊，尿片吸水性很强，可以避免狗的尿液污染地板的问题。而且狗大小便后，你只要拉住尿片的四个角包裹住狗的排泄物，直接扔到垃圾袋里就行了，非常方便。这样就能省下很多时间，您也不会为家里狗尿味太浓而感到烦恼了，不是吗？”

顾客再次点头了，并接受了宠物尿片。

那位顾客走后，明媚的脸上露出豁然开朗的神情，她对林殊说：“我明白了。你是用提问的方式让顾客把你的观点当成他们自己的观点去接受，对吗？”

林殊调侃道：“以前怎么没发现你这么聪明。”紧接着，她又说：“就拿刚才你谈到的沐浴液来说，如果顾客不喜欢淡香型沐浴液，你就问他‘难道你愿意为了闻到狗身上散发出来的香气，而用浓香型沐浴液损伤它的嗅觉吗’。听你这么问，顾客自然会选淡香型沐浴液，这不就把你的观点当自己的观点接受了吗？”

明媚不由得感叹道：“你真厉害，问几个问题就让顾客接受你的意见了。”

“当然，问问题的方法不仅仅有反问。”林殊继续补充道，“如果顾客要你推荐优质的沐浴液，你也可以问他：‘你认为好的沐浴液应该拥有哪些特点？’根据顾客自己说出来的特点为他推荐产品，就更容易合他的心意了。如果顾客说不出自己喜欢哪种沐浴液，你可以问他：‘你喜欢亮毛型的还是强力清洁型的？’总之，提的问题越多，你的观点越容易被接受。”

听了这番话，明媚心里有了谱，之后，她把问问题的方法运用到了推销中，店里的生意果然好了起来。

当你想把自己的观点传递给聊天对象时，应当记住林殊对明媚说过的那句话：“如果你的态度是‘我说的是对的，你就应该听我的’，那你的沟通一定会失败。”

用提问的方式实现传递观点，不仅能在聊天中占有优势，更能令对方自然而然地接受你的观点。

我们可以把传递观点时可以采用的提问的方法粗略分为两类。

第一类是暗示提问法。

林殊让明媚问购买沐浴液的顾客：“难道你愿意为了闻到狗身上散发出来的香气，而用浓香型沐浴液损伤它的嗅觉吗？”

这个问题其实是一种暗示，暗示对方浓香型沐浴液是错误的选择。爱狗人士一定不希望狗因为自己选错产品而受到伤害，于是便会认同明媚的推荐，并认为明媚的观点就是自己的观点。

第二类是畅谈提问法。

林殊让明媚问购买沐浴液的顾客：“你认为好的沐浴液应该拥

有哪些特点？”或“你喜欢亮毛型的还是强力清洁型的？”

这个问题能让对方说出自己的观点，之后，无论明媚给出怎样的建议，顾客都会认为明媚的观点是以自己的观点为基础的，也就更容易接受明媚的建议了。

以上两种提问方法都可以达到让聊天对象把你的观点当成自己观点接受的目的。

把握暗示提问法的诀窍在于，说出对方原有观点的缺陷，暗示对方否认原有观点。

把握畅谈提问法的诀窍在于，问出对方的观点，以便向对方提出个人观点时能“对症下药”。

掌握了这两种提问法，你的观点就很容易被人接受了。

第五章

谁掌控了情绪，谁就拥有了话语权

你思考过“什么样的人善于与人沟通”的问题吗?

对于这个问题，大多数人给出的答案会是这样的：情商高的人善于与人沟通。

这个答案合乎情理。

但若就这个答案衍生出新的问题——“什么样的人是情商高的人?”

得到的答案就千差万别了。

无论是在日常生活中，还是在网络上，想收集关于情商高的标签，得到的结果大多数与“圆滑”“世故”“会讨好人”“懂事”相关。

也就是说，大多数人认为，能照顾好他人情绪的人就是情商高的人。

其实，照顾他人的情绪只是情商高的一种体现，真正拥有高情商的人不仅能照顾他人的情绪，还能掌控自己的情绪。

情商高的人的确善于与人沟通，其中一个原因正是他们懂得照顾他人情绪，更重要的原因则是他们能掌控自我情绪。

掌控不了自我情绪，就没有话语权。

如果你无法管理自己的情绪，你的情绪就会被他人左右，你也就无法按照自己的思路发言了。

保持镇定才能把握先机

相信很多人都有这样一种体验：与人争吵后，越想越气，回顾自己争吵时的表现，总觉得有诸多不足之处，非常后悔没能在争吵时从容不迫地表达内心想法，没把最该讲的道理讲出来。如果因此输给了“对手”，内心就更感不快了。

为什么人们在吵架的时候无法流畅地表达内心的想法，明知自己占理，却说不出理来呢？

这是因为吵架与讲理不同，吵架不在于阐述道理，而在于发泄情绪。

当事人内心积攒了需要发泄出去的情绪，无法保持镇定，一方面顾不上说理，只管用不停说话的方式发泄，不管自己的话在不在理；另一方面，人在情绪不稳定的状态下，思路往往是混乱的，做不到以理服人。

争吵过后，情绪平复下来，头脑回归清醒状态，自然能理清思路，找出争吵时对方言语上的“漏洞”，进而针对“漏洞”想出应对之词了。

可惜的是，争吵已经过去了，你想出的应对之词再怎么有理，也没有机会讲出来了。

可见，保持镇定，才能把握先机，才能说出令人信服的话来。

当然，吵架这种沟通方式并不值得推崇，但大多数吵架都是无法通过说理的方式解决问题导致的。

不想与人争吵，就更应当在正常沟通中自然流畅地阐述个人观点。你不发泄情绪，就不容易激发对方的负面情绪；你就事论事，对方也不会避实就虚。想达到这样的沟通效果，前提就是保持情绪镇定。

虽然亦扬很爱女友木颜，但他却特别怕跟木颜聊天。因为，两人的聊天几乎每次都会演变为争吵。

随便举几个例子，你就会发现，亦扬的苦恼绝不是空穴来风。

如果亦扬对木颜说：“你别熬夜追剧啦，对身体不好。”

木颜会说：“熬夜总比抽烟强！你咋不说抽烟对身体不好呢？”

如果亦扬对木颜说：“你少吃点零食，那些都是垃圾食品。”

木颜会说：“谁说零食都是垃圾食品，多得是健康零食，可那些东西卖得贵啊！你怎么不怪自己赚钱少，你多给我点零花钱，我不就能买健康零食了吗？”

如果亦扬对木颜说："你成天玩手机，不怕眼睛坏了吗？"

木颜会说："你这人就是心胸狭窄，不就是怕我跟别的男生聊天吗，干吗拿眼睛说事儿？"

总之，只要亦扬对木颜提意见，木颜必然会把问题扯到亦扬头上去。

发生这种情况时，亦扬要么哑口无言，要么立刻顶撞木颜，继而引发一场争吵。

刚开始，亦扬的顶撞多过于沉默，到后来，亦扬的沉默多过于顶撞，哪怕沉默不能解决问题，亦扬也全然不在乎了，因为他认为只要能保证两人不吵架，问题是否得以解决根本不重要了。

有一次，亦扬真的被木颜激怒了。

木颜跟朋友在外玩到深夜一点多才回家。

亦扬给她打了几个电话都没有打通，他心急如焚，担心木颜出事，在家里坐立不安，就差要去报警了。

最后，木颜带着酒气回来了，亦扬一边给她准备解酒的西瓜汁，一边对她说："你今天回来得也太晚了。你知道吗，我都快急死了，生怕你出事。"

木颜大大咧咧地回应道："我能出什么事？这不是好好地回来了吗？"

亦扬说："下次千万不要这样了，那么晚，女孩子在外很不安全。打你电话你又不接，我都快急疯了。前段时间有一则新闻，一个女孩在异地旅行，凌晨三点去吃烧烤，最后被醉汉给打了。那女孩都破相了。你说，要是那女孩有点安全意识，能吃这亏吗？”

木颜一下子就火了：“你的意思是，女孩被打，不应该怪醉汉，而应该怪她没有安全意识吗？”

亦扬也生气了，他说：“我跟你说东，你扯西，为什么每次你都是这样？我提醒你有点安全意识不对吗？你怎么老是听不懂我说话！”

听了亦扬的话，木颜的火更大了：“是是是，我听不懂你说话，那你找个听得懂你说话的人当女朋友不就好了？”

这一次，亦扬没有选择沉默，他气急败坏地数落起木颜来：“你怎么这样好歹不分？我哪一次给你提建议不是为了你好？你倒好，反过来指责我，那我不要管你就对了，是吧？只要你说‘是’，我以后绝对不管你！”

木颜跟亦扬赌气，于是顺着亦扬的话说了下去：“是，我就是不要你管我！”

亦扬不再说话了，他把木颜抱到床上，自己拿了被子到沙发上睡觉了。

经过了一夜的思考，亦扬觉得这样下去不行，作为木颜的男友，不能不给她提意见，但每次提意见，木颜都会避开主题，扯出他的毛病来。

其实木颜的指责没有问题，只是，亦扬觉得两件事真不能放到一块说，要不然根本说不清。

亦扬还发现自己无法反驳木颜的原因是，被木颜一说，自己的脾气马上就上来了，很难保持情绪镇定，所以压根想不到反驳之词，一张口只顾着顶撞木颜，都忘了自己要讲的道理了。

要说服木颜，其实不难，每次冷静下来后，亦扬都能找到说服木颜的方法。

亦扬就当天的事做了个总结，并想好了该怎样跟木颜谈安全意识的问题。与此同时，他提醒自己，再跟木颜聊这件事的时候，千万要保持镇定！

次日清晨，亦扬对木颜说："我觉得你应该要有点安全意识。"

经过一个晚上，木颜的气本来已经消了，听到亦扬"炒冷饭"，火又上来了，她故技重施，把问题扯到了亦扬身上："你说我回来得晚，我回来得早有什么用？你还不是对着电脑玩游戏，根本不理我，我还不如在外面玩呢。"

平时，木颜这么做，亦扬都会控制不住情绪，立刻跟她吵起来，又或者为了压制情绪，保持沉默，独自走开。

这一次，亦扬很镇定，他说："一码归一码，等一下再说我的事，我知道我这么做不对，但现在聊的是你没有安全意识的问题。"

这么一说，话题很快又回到了木颜身上。

木颜说："这个话题昨天我们就聊过了，你认为女孩被打，是因为她自身安全意识不足，我不这么认为。你的那种说法特别不尊重女性！"

换作从前，亦扬一定会生气，但为了说服木颜，他拼命地提醒自己要保持镇定。

亦扬说："我不认为女生被打应该怪女生。这跟要有安全意识是两码事，你不能混为一谈。"

冷静地反驳了木颜后，亦扬又说："我很同情新闻中的那个受害者，也非常痛恨施暴者。但是，我觉得看了这则新闻的女生应该提醒自己，尽量不要凌晨三点还在外吃烧烤，更不要和醉汉争吵。"

听到这里，木颜又不服气了，她反驳道："照你这么说，我们应该狠狠地谴责那位受害者，而不该把火力集中在罪犯身上？"

亦扬见木颜胡搅蛮缠，有点忍不住要生气了，不过他知道一生气，交谈又会变成争吵，于是他压住怒火，继续说："我们当然不是要谴责受害者，提示独自去异地旅行的女生注意安全，这不等同于谴责。罪犯会得到应有的惩罚，但吃亏的还是受害者。受害者是无辜的。被醉汉打，疼的人是受害者。可是，这本应该是可以避免的啊！"

木颜听到这里，终于不再辩驳了，语气也软了下来："好了，我知道了，下次不会那么晚才回来了。"

亦扬不由得笑了，令他开心的是这一次的沟通没有变成争吵，自己也把道理说清楚了。

从那以后，亦扬有了新的烦恼，那就是每次给木颜提意见的时候，她还是会把话题扯到他身上来，这就意味着，只要给木颜提意见，问题说清楚后，他也得做一番检讨。

不过，亦扬没有因此拒绝给木颜提意见，因为虽然他也得做检讨，但至少木颜肯接受他的意见了，而他也愿意听取她的建议，这算得上是共同进步了。

看了亦扬和木颜的故事，你明白了吗？

沟通的时候保持镇定，不仅能把握先机，更能避免激化双方情绪。这样，沟通才能起到解决问题的效果。

情绪不失控，沟通不伤人

沟通中经常会出现“说者无心，听者有意”的状况。这种状况又常常会在“说者”情绪失控的状态下发生。

一个情绪失控的人非但不能准确表达内心的想法，甚至会说出与自己的真实想法完全相反的话来。

比如，很多恋爱中的人会在情绪失控时对恋人说出“我根本就没有爱过你”之类的话。但事实上，这并不是说者的真实想法。

这种话一旦说了出来，事后再怎么解释，对方心里也会有个疙瘩：“他真的从没有爱过我吗？”

再比如，很多家长批评孩子的时候，情绪失控，会对孩子说：“真希望没生过你这种小孩！”

绝大多数家长在说这种话的时候，难道真的是想告诉孩子，自己希望没有这个孩子吗？

尽管这种话不是家长的真实想法，但听到这样的话，孩子必然会觉得很受伤。

在现实生活中，这类“说者无心，听者有意”的例子数不胜数。

对于情绪失控的“说者”而言，一句伤人的话可能只是随口的发泄而已；对于“听者”而言，那句随口的发泄却宛若一把扎入自己心窝的尖刀。

很多“说者”在情绪爆发过后，甚至不记得自己在情绪失控时说过哪些伤人的话。

“说者”可以很轻易地忘掉自己说出的恶言，“听者”却没那么容易忘记自己听到的恶言。

网络上曾经出现过这样一个视频：视频前半段录下了一些情绪失控的人冲着别人口吐恶言的画面，视频后半段录下了那些人冷静下来后，观看前半段视频的反应。

不少人冷静下来后，看到镜头里疯狂发泄情绪的自己感到很惊讶，他们压根不相信那么难听的话是从自己嘴里冒出来的。

这些人会有这种反应，并不奇怪。一个情绪失控的人充满了攻击力，说无比伤人的话并不是为了表达内心感受，只是想达到伤害他人的目的。在那样的情况下，那些人很可能压根不知道自己说了什么?

冷静下来后，他们回看自己情绪失控时的表现，才意识到自己说出的话有多伤人。因为，人只有在冷静的状态下，才能思考。

念西离婚了。

她周遭的人都说，离婚后的她仿佛变了一个人。

大家认为，过去和念西聊天是一件很享受的事，但现在和念西聊天是一件很可怕的事。

念西的弟弟念慈觉得，姐姐的最大变化是她不再像以前一样懂得照顾他人的情绪了。

的确，离婚后的念西经常语出伤人，似乎完全不在乎自己的话会给别人造成怎样的伤害。

有一次，念西为了工作熬夜到深夜两点多。

次日清晨，念西妈妈像往常一样叫女儿起床吃早饭。

念西拒绝了。

妈妈又喊了几遍。

念西立马爆发了，她突然从床上坐起来，歇斯底里地大吼：“我快累死了，为什么逼我起床？你希望我死，是吗？我现在就跳楼去！”

虽然念西只是说说，并没有进一步动作，但妈妈被她吓傻了。老太太知道女儿近期心情不好，特别担心她会想不开，听了这种话，愣是吓得一整天没敢出门。

晚饭时间，念西在饭桌上莫名其妙地发起脾气来，念西爸爸实在受不了了，说了她几句，她便顶撞道：“你凭什么管我，你又不是我亲爸！”

这句话真的伤到爸爸的心了，念西的爸爸确实不是她的生父。

念慈坐不住了，冲姐姐吼道："够了，这段时间你心情不好，大家都让着你，你别得寸进尺！"

念西彻底爆发了，像个孩子一样坐在地上又哭又闹，要不是念慈力气大，强行把她拖起来，还不知道她要闹到什么时候。

那天晚上，念西睡不着觉，她起来喝水的时候看到爸爸一个人坐在阳台上抽烟，借着外面的霓虹灯光，念西可以看到爸爸脸上的神情很落寞。

她知道，晚饭时自己说的话真的刺伤爸爸了。

其实，念西跟继父感情很深。

念西的生父病逝了，那时念西还在妈妈的肚子里，念西妈妈是在念西四岁时嫁给继父的，继父把念西当亲女儿疼，为了给她买一架钢琴，下班后做兼职，坚持了一年时间，才攒够了买钢琴的钱。

念慈出生后，继父为了不让念西受委屈，总把最好的东西给念西，他常常说："女孩儿要富养，男孩儿要穷养，我们念西就得富养。"

这些，念西不是不记得，越是记得继父的好，越是恨自己不争气，说出那样伤人的话。

经过这件事之后，念西决心要管理好自己的情绪，尽量不让自己失控。

念西发现自己之所以容易情绪失控，是因为离婚后承受的压力太大了，她很担心别人会在自己背后说长道短，长此以往，内心变得极其脆弱，一旦遇上不愉快的事，情绪立刻会失控。

其实，严格来说，情绪失控是启动自我防卫机制的一种表现。这既是一种心理现象，也是一种生理反应。

从心理角度讲，人的心理承受能力有一定限度。当负面情绪积攒到极限时，必然会爆发出来。

从生理角度讲，生物在感受到已经发生或可能发生的危害时，会采取极端反应自保。

经受了失败婚姻带来的伤害，念西的自我防卫意识更强了，她总想着如何自保，进而发展为草木皆兵，认为所有人都会看低自己，生活中发生任何小事都能令她的情绪产生波动。

念西把自己想管理情绪的想法跟念慈聊了聊。

念慈很支持念西。他教给念西一个简单的方法：情绪爆发时，不要说话，给自己12秒时间，在心里从0默念到12。

念慈说："美国情绪管理专家罗纳德博士说过，研究表明，暴风雨般的愤怒持续时间往往不超过12秒钟。也就是说，你只要控制好情绪最激动的12秒，理性就会逐渐回归你的大脑。"

使用了念慈所说的方法，念西的进步的确很大，情绪失控的状况越来越少，几乎不会语出伤人了。

其实，离婚后的念西不如从前那般懂得照顾他人情绪，根本原因并不是她失去了照顾他人情绪的能力，而是她无法管理好自己的情绪。

一个人要照顾他人的情绪，首先得管好自己的情绪。能保证自我情绪不失控，才有“富余的能力”去照顾好他人的情绪。

所以，不想讲出伤人的话，先从控制自己的情绪开始吧。

合理的借口让拒绝不伤感情

拒绝借钱被公认为拒绝中最难以完成的。

能完美拒绝借钱的人多半能完成各种各样的拒绝。

大部分人被人借钱的时候，不免会说出“我也没钱”“我的钱都拿去买股票了”之类的搪塞之词。

且不说这些借口能否“蒙混过关”，只需稍加思考，也能推算出这些借口的使用概率，它们应该位于借钱时最容易遇到的借口排行榜榜首位置吧。

既然“我也没钱”“我的钱都拿去买股票了”之类的借口都被用烂了，那被借钱的时候，你还能用哪种借口拒绝对方呢?

其实，无论是拒绝借钱，还是拒绝其他事，想不伤感情，重点是必须找一个合理的借口。

诗阳被人借钱的时候，总能找到合理的拒绝理由。

同学小楠找诗阳借钱，她说：“诗阳，你可不可以借我五万元？”

诗阳不急着回答“可不可以”的问题，他问小楠：“为什么要借钱？”

小楠说：“我妈妈生病了，急需用钱，希望你能借我五万元救救急。”

听了对方的理由，诗阳不忍心拒绝，但他真的不方便拿出五万元，所以，他对小楠说：“五万元我是没有，一万元倒是拿得出来，过会儿我把钱转给你，不用急着还，给阿姨看病要紧。”

小楠同意了，并对诗阳表示了感谢。

故事讲到这里，你肯定会觉得诗阳拿不出钱的借口算不上高明，不但没能成功拒绝借钱，反倒可能白白送出一万元。

换一个思路想一想，小楠要借的是五万元，诗阳借给她一万元，这不也算是成功拒绝了借五万元的请求了吗？

小楠的借钱理由是救急，她要拿着借来的钱去给妈妈治病，说起来这笔钱也算是救命钱了。别人问你借救命钱，你难以拒绝，但由于数额太大，超出了自己能承受的范围，那就意味着你还是得拒绝对方。

一方面，诗阳是愿意帮助小楠的；另一方面，诗阳不想为了帮小楠而负债。所以，他决定以“答应借钱请求，拒绝借钱数额”的方式拒绝对方。

诗阳采取的“答应借钱请求，拒绝借钱数额”拒绝法其合理性在于：我愿意帮你救急，但我能力有限，所以不能按你的期望提供相应帮助。其中的关键点在于“能力有限”，“能力有限”就是一个合理的借口。

莫尔找诗阳借钱的时候，诗阳同样问他：“为什么要借钱？”

莫尔说：“我想买车，但是我看中的那款车没有免息贷款，所以我想让你借点钱给我。”

听到这个理由，诗阳立刻决定拒绝莫尔。

为了省利息而借钱，这表明莫尔认为向诗阳借钱比向银行借钱更明智。理由是，向诗阳借钱不仅不用支付利息，还可以拖延还款时间。谁都知道向银行借钱到期了就必须还款，向私人借钱，还款的期限则比较宽松，就算说好了什么时候还，如果往后拖一拖，别人也办法。

所以，把钱借给想省利息的人，意味着双方的关系必然会变为催款关系。

诗阳说：“那我恐怕帮不上你的忙了。我看中了一套房子，可能近期就要付首付，要是不买的话，女朋友就要跟我分手了。”

这个借口可以说非常合理了。

你想借钱买车，我总不能把我买房的钱借给你吧？

且不说诗阳有没有必要为了满足朋友的需求而牺牲自我需求，就拿“可能会分手”这一借口来讲，就够令莫尔不得不接受了。

莫尔听了诗阳的借口，只好放弃借钱的念头，并对诗阳表示了理解。

见识了诗阳拒绝借钱的借口，你学会怎样拒绝他人了吗？

不敢拒绝别人，无非怕失去自己在对方心目中的好印象。丢了好印象，关系多半会断，说到底，不敢拒绝，是怕伤感情。

想拒绝别人，又想保住感情。你抛出的拒绝借口就一定要合乎情理。所谓合乎情理，即你的借口换来的只能是理解，不能是埋怨。

想一想，对你提出要求的人会因为什么原因而埋怨你？

答案显而易见——如果一个人向你提出了请求，对方在认为你可以提供帮助却遭到拒绝的情况下，必然会对你产生埋怨情绪。

简单而言，对方是因为要求没有得到满足而产生埋怨情绪的。然而，拒绝等于无法满足要求，所以，拒绝本身就容易激发埋怨情绪。

所以，拒绝一个人时，首先，第一句话一定不要带上与拒绝相关的字眼。简单来说，只要是带了否定意味的词句，都不要说出口。

这样做的目的是避免激发对方的埋怨情绪。

其次，你可以试着把压力转移到对方身上。

对你提出要求的人无论提的要求是什么，都是在向你施加压力，要你接受他的请求。这时候，你可以对对方提出疑问，问他为什么要提出这样的请求，如此一来就可以把压力转移到对方身上。

例如，别人在问诗阳借钱的时候，他总是会先问对方：“为什么要借钱？”而不是像大部分人那样先问对方：“要借多少钱？”

前一句话就是在转移压力，后一句话则是承接压力。

把压力转到对方身上，你就掌控了话语权，占据了沟通中的主导位置，接下来，要说出自己的借口，便会容易得多。

然后，你必须设定一个令对方无法产生埋怨情绪的借口，以消除对方的埋怨情绪。

到了这一步，你得确保你说出的借口能够打消对方认为你可以提供帮助的想法。做到这一点很简单，你只要让对方在听到你说出的借口时会产生一种你对提供帮助这件事是力不从心的感觉就够了。

最后，你可以在说出拒绝借口的时候，叙述自己与对方相似的烦恼，以激发对方的同理心。

对方之所以向你求助，是因为无力独自解决问题，摆脱困境。如果你能在说出拒绝借口的时候叙述自己与对方相似的烦恼，便能成功令对方联想起自己的状况来，这时候，对方很容易因为同理心而理解你。

综上所述，要说出一个可以换来理解而不是抱怨的合理借口，只需完成四个步骤就够了：第一步是避免激发埋怨情绪，第二步是转移压力，第三步是消除埋怨情绪，第四步是激发同理心。

当然，以上为你提供的“拒绝四部曲”并非百分之百有效。

问题最容易出在第四步上。当你叙述自己与对方相似的烦恼时，对方可能并不买账。

例如，找你借钱的人给出的借钱理由是买车，你说自己没钱可借是因为要买房，对方很可能会试图说服你放弃买房，腾出钱来帮他买车。

这时，“拒绝四部曲”就失效了。

遇到这种情况，你大可不必考虑如何不伤感情地拒绝对方的问题了。

毕竟，对于那些要你牺牲自我为他提供帮助的人，压根不存在伤不伤感情的问题。

遇到这样的人，除非你无条件答应他的要求，否则别说“拒绝四部曲”，就算你用“拒绝十部曲”也照样换不来理解，得到的只会是埋怨；那倒不如干脆拉黑，让对方埋怨个彻底，反正你也听不到，不是吗？

懂得认输的人很懂说话

祖辰很要强，事事都爱与人争高低，尤其喜欢跟人打嘴仗，遇到的人嘴巴越厉害，他的斗志越高昂。说起来，他也算巧舌如簧、舌灿如莲了，凭借着好口才在无数次嘴仗中取得了所向披靡的成绩，而他也把百战百胜的好成绩当成了自己很会说话的证据。

总能打赢嘴仗和会说话是一回事儿吗?

这个问题三言两语解释不清。但可以肯定的是，会说话的人都有好人缘。祖辰的人缘却很一般，不仅如此，他还吃了不少嘴巴厉害的亏。

嘴巴厉害也会吃亏?

你若不信，可以看看祖辰因为嘴巴太厉害，吃过哪些亏。

有一次，祖辰无意间听到女同事在茶水间里聊天，有位女同事说:“世上没一个好男人，天下乌鸦一般黑。”

祖辰没忍住，冲进茶水间就开始反驳:“你见过几个男人就敢评论全世界的男人了？”

这句话把那位女同事噎得哑口无言，大家哄堂大笑，祖辰自鸣得意。

还有一次，祖辰批评同事的企划书做得不好，对方不肯服输，明知道祖辰是销售部的，不善于做企划书，偏偏故意拿话激他：“你行，你上啊！”

祖辰不急不慌地说：“怎么，评论冰箱好不好，难道还得自己会制冷吗？”

对方无话可说，祖辰为口头的胜利感到沾沾自喜 。

更离谱的是，在推销商品的时候，祖辰竟与客户争起了高低，人家说：“你这东西质量一般，价格却不便宜。你知道吗，昨天有人跟我推销同类产品，他的报价比你的低一半，他家的产品质量比你家的强。所以说，你还是便宜点卖给我吧。”

祖辰说：“如果他家的产品质量那么好，价格又比我家的低，你干吗费这个劲跟我讲价呢，直接买他家的不就好了吗？编谎话是要打腹稿的。”

祖辰的话令客户感到非常尴尬，客户虽然不知该怎样反驳，但却拒绝购买祖辰推销的产品。所以，那次推销以失败告终了。

尽管屡次吃亏，祖辰却戒不掉喜欢打嘴仗的习惯。不管跟谁聊天，他都会拼尽全力获取口头上的胜利，长此以往，他的人缘越来越差。渐渐地，没人愿意跟他聊天了。

看来，总能打赢嘴仗和会说话并非一回事儿。否则，祖辰也不会落得个没人愿意跟他说话，没人愿意听他说话的结局了。

本书前文中提到过，每个人在发表个人观点的时候都希望得到他人的认同。

与人聊天时，你未必要委屈自己去满足对方这方面的需求，但你绝不能强迫别人满足自己的认同需求。

喜欢打嘴仗的人就是在强迫别人用否定自我的方式来认同自己。

这类人把自己的观点当成了武器，把别人的观点当成了打击目标，总试图用自己的观点去打击对方的观点，且硬要打到对方认输为止，他们完全意识不到这种做法有多幼稚。

如果你也喜欢打嘴仗，可以回顾一下，每次取得口头胜利的那一刻，除了得到沾沾自喜的满足感，你还得到了什么？

或许，你曾因为嘴巴厉害得到了听众的赞许，但与此同时，你也得罪了输家，并因此遭到对方厌恶。那是否可以理解为赞许和厌恶相互抵消，最终，你什么都没得到？

如是说来，口头的胜利也只不过是一个无谓的胜利罢了。

拼尽全力，冒着得罪人的风险，争取一个无谓的胜利，值得吗？

其实，聊天的时候发现自己的观点与他人的观点不一致，只需表明个人立场即可，没有必要强迫对方认同自己。

如果你恰巧遇到一个和祖辰一样喜欢打嘴仗的人，若能确保向对方认输不会损害自己的利益，不妨把无谓的胜利让给对方。

毕竟现实中的聊天不是辩论大赛，获得了胜利，又没有人会给你颁奖，反倒可能因此惹人反感，为这种得不偿失的“胜利”劳心劳力、费尽口舌，实在太不划算了。

不想聊天的时候，怎么结束最机智

积极学习沟通技巧，努力成为跟谁都聊得来的人，不是为了同遇见的每一个人聊天。毕竟没有人会闲到逮到一个人，就立刻开启疯狂聊天模式的。

每个人都希望能自主选择聊天对象，但也都难免在聊天的过程中遇到不想聊的话题，碰上不想沟通的人。这种时候该怎样结束聊天，才不会让对方感受到明显的拒绝意味呢?

在通常情况下，要结束聊天很容易，只要不接着对方的话说下去，无论对方聊什么，统一用简短而礼貌的短句回应对方就足够了。

例如，对方告诉你：“上个星期去旅行，竟然在机场遇到自己喜欢的明星。”

不想听这个话题，你可以说：“太好了！”

对方可能会接着说：“是啊，她本人的皮肤超好，穿着也很好看。”

你就继续赞赏：“太厉害了！”

对方如果还有兴趣说下去，你就不断地赞赏，切记不要对对方谈论的事件做任何点评，更不能问与之相关的任何问题。在通常情况下不出三个回合，对方就会明白你对聊天内容不感兴趣，识趣的人也就不会继续侃侃而谈了。

当然，如果你不想表现得太失礼，就要注意，你的简短回应最好不要设置为“噢”“嗯”“呵呵”之类无意义的语气助词。

不过，这一招并不能达到百试不爽的效果。

如果你遇到了特别热情的聊天对象，即便给的回应再简短，对方可能还是不愿意关闭话匣子。不想忍耐的话，恐怕就得要点“花招”了。

芳霓被男友祝辰带去跟他的亲友见面。

吃饭的时候，祝辰的大姑滔滔不绝地讲自己带来的酒有多名贵。

大姑说：“你们看，这个酒瓶设计得这么特别，是不是很有艺术感？在澳洲喝这种酒的人都是有钱人……”

芳霓环视众人，发现大家都心不在焉，有人在玩手机，有人用筷子不停扒拉碗里的食物，有人漫不经心地夹几根菜来嚼……

祝辰见气氛不好，随手把一盘鱼转到大姑面前，笑说：“对啊，大姑最会挑酒，大姑，尝尝这个鱼，特别鲜。”

大姑夹鱼肉，祝辰继续说：“等下吃完饭，我跟芳霓要去看电影，哪些人想跟我们一起去，我要订票了。”还不等大家回应，他又说：“只有同辈可以报名，长辈们就跟我老爸喝茶去吧，反正我们年轻人喜欢的电影你们也不爱看。”

终于可以摆脱大姑的无聊话题了，所有人立刻抓住机会，接住祝辰的话聊了起来。

堂弟起哄：“谁愿意去当你们的电灯泡啊，你们自己去看就好了！”

小叔饶有兴趣地问：“你倒是说说看，你们年轻人喜欢看什么电影？我和你老爸年轻时，比你们还爱赶时髦。”

大家纷纷加入电影话题，大姑的名酒话题只能就此结束了。

芳霓觉得祝辰结束话题的方法很棒。原本她以为想结束一个话题，必须找一些合理的过渡语，才能将一个话题顺利地转接到另一个话题上。

没想到祝辰从夸大姑会挑酒讲到鱼很鲜，然后直接约人看电影，再很自然地跟长辈们开玩笑，这中间几乎没有过渡，话题照样可以转换得很自然。

看来，结束一个话题，不需要费尽心思设置什么过渡语、结语，只要干脆利落地说自己接下来想说的内容就好了。

其实，没有祝辰做榜样，芳霓也早该懂这个道理，聊天不是写文章，不用在两个话题之间特地准备一段承上启下的内容。

反正没有人会把你说的话通通记下来，从中挑毛病、抠字眼，何不放心大胆地畅所欲言呢？

习得这个“技能”后，芳霓不仅学会了如何结束话题，还学会了该如何结束整场聊天。

有一次，芳霓去参加聚会。她在聚会上遇到了旧同学，那个同学有个毛病——不管跟谁见面，都喜欢抱怨自己的近况。她抱怨的事情都是鸡毛蒜皮的事，乏味透顶，让人听得头痛。芳霓很怕跟她聊天。

芳霓还来不及祈祷对方不要看到自己，那位同学就已经走了过来。

同学说：“好久不见，最近好吗？”

芳霓礼貌地回应：“还好。”

通常被别人问“最近好吗”的时候，大部分人都回一句：“还好，你呢？”

芳霓不想问“你呢”，是因为她不想听对方叙述答案，她知道问了这种问题，会正中对方下怀，这个喜欢抱怨的同学肯定会借此机会痛痛快快抱怨一番。

没想到不发问，那个同学也能抱怨：“你还好，我就不好了，每天愁得睡不着觉，你看我的头发是不是又变少了？”

芳霓赶紧把这个同学领到餐桌边，拿了很多芝麻糕放到她盘子里：“多吃点芝麻对头发有好处。刚才我吃了他们这里的芝麻糕，味道很好，你先吃，我过去那边看看还有没有好吃的，一会儿给你带水果过来。”

同学只好乖乖坐下来吃芝麻糕，芳霓乘机溜走了。

走到会场的另一边，芳霓遇到另一位同学，那人特别喜欢炫富，讲的话题也蛮无聊的。对方先跟芳霓打招呼，芳霓只好迎了上去。

那人说：“你也来了，见到你真开心！”

芳霓热情地跟对方握手，笑道：“我才是开心呢！我以为你很忙，应该不会过来。你知道吗，其实今天好几个同学都来了，班长也来了，在那边，走！我带你过去跟他们打个招呼。”

话说到这里，那人只能跟着芳霓去见班长。

趁那人跟班长聊天的时候，芳霓默默走开了。

那天的聚会对芳霓来说还算有趣。虽然遇到了两个不想聊天的对象，但只用了简单的方法，就轻松结束了与他们的聊天。

不必勉强自己和不想聊的人聊，可以自主选择聊天对象，自然是再好不过的社交了。

当你想结束聊天的时候，不要有太多顾虑，不用费心找所谓合理的借口，诸如有电话要回，想上厕所，或是要去处理急事……

你只要在态度上表现出足够的热情来，对方便不会感受到拒绝的意味。接下来，你可以随意抓一件事或一个人来代替对方想聊的事和自己这个倾诉对象，就能顺利结束话题了。

聪明的人一定会提供良好的情绪价值

简希跟老婆吵架了，老婆跑回了娘家，为了让丈母娘帮自己说些好话，他请丈母娘吃了顿饭，花了将近两千元。

心里想着和老婆吵架的事，又花了这么一大笔钱，简希脸上摆出来的自然是难看的表情。

丈母娘不是傻子，看女婿不高兴，猜也猜得到多半是心疼饭钱，多多少少有点不好意思，于是跟简希客气了几句："咱们是一家人，以后有事回家里聊，别花那么多钱来这种地方吃饭了。"

简希耐着性子说："没事的，孝敬您是应该的。"

丈母娘说："只要你疼我女儿就行了，孝不孝敬我无所谓。"

简希心里不痛快，说话就有点冲："我给您花钱都那么大方了，能亏待您女儿吗？"

听到这种话，丈母娘也不痛快了，心想，我家又不是吃不起龙虾，用得着你给我花这钱？要不是你把我女儿气回了家，你会请我吃这顿饭？

丈母娘越想火越大，饭也不吃了，起身就走。

简希知道她肯定不会帮自己跟老婆说好话了。

本想花钱讨好丈母娘，钱花出去了，目的却没达到，最后，还落得个适得其反的效果，简希看着一桌子菜，哭笑不得。

其实，简希和老婆的感情很好，引发他们争吵的事件微不足道。

那天，简希跟老婆在家看电影，他还为老婆准备了果盘和零食。

看了一阵子电影，老婆开了一罐汽水，动作幅度有点大，洒了很多汽水出来，其中一部分沾到了地毯上。

简希立刻抓了几张纸，认真擦拭地毯上的汽水，抱怨道：“这块地毯是纯羊毛制品，我托朋友在土耳其买的，你又不是不知道，怎么那么不小心？”

老婆不以为意地说：“清洗一下不就行了吗？”

老婆的话令简希更不高兴了，他皱着眉回应道：“哪有你说得这么简单，这能洗得干净吗？”

老婆暂停了电影，质问道：“你希望我怎样？跪下把汽水舔干净吗？”

简希见老婆故意抬杠，脾气更大了：“我是让你小心一点，你这么糟蹋家里的东西，我还不能说你几句了？”

老婆气急了，把所有的汽水倒在地毯上，两人大吵一架，老婆便跑回娘家了。

陪老婆看电影，给老婆切水果、买零食，必然能讨老婆开心，结果却因为一句话，闹得这样的结局，简希感到非常无奈。

为什么简希为老婆和丈母娘花费了时间和金钱，却换不来自己想要的结果呢?

原因就在于他只为她们提供良好的实际价值，却不给她们良好的情绪价值。

在现实生活中，不懂得提供良好情绪价值的人比比皆是。这些人在抱怨一段关系时，经常说这样的话：“我为他付出了这么多，他怎么能这样对我？”

抱怨中的“付出”指的就是实际价值。

这类人过于注重实际，是行动上的巨人，言语上的矮子。他们肯用实际行动对别人表达善意，却不愿意用言语提供情绪支持。他们坚信，付出要落在实处。

简希就是这种人。

花钱讨好丈母娘、陪老婆看电影，是在为她们提供实际价值，简希想用这些实际价值换来自己需要的情绪价值，很显然，他没能如愿以偿。

看到这里，你一定很想知道什么是情绪价值吧。

情绪价值指的是拿捏他人情绪，引起他人情绪起伏的能力。

简言之，你令另一个人的情绪产生了波动，你就为对方提供了情绪价值。

当你对一个人的情绪产生负面影响的时候，你提供的就是坏的情绪价值；反之，当你对一个人的情绪产生正面影响的时候，你提供的就是好的情绪价值。

通常而言，乐于向他人提供良好情绪价值的人，人缘都不会太差。这是因为人们在现实社交中，渴望获得正能量，抗拒接受负能量。

然而，尽管人人渴求正能量，很多时候，也会被动接受负能量，被动接收负能量的人其实就是在对外支付情绪价值。

比如，被恋人斥责的时候，你被动地接受了负能量，心情很差，但你不愿意回击对方，这时候你就在向对方支付情绪价值。

再比如，遭到老板批评时，你也在被动地接受负能量，你很恼火，但你不敢顶撞老板，你就被动地向对方支付了情绪价值。

如果把一个人的良性情绪比作有额度的储蓄，那么不断地对外支付情绪价值必然会导致良性情绪亏空。

此外，在现实生活中，即便能有效控制对外支付情绪价值的额度，一个人的情绪也会被大大小小的坏事消耗。如果不及时补充正能量，即良好的情绪价值，良性情绪储蓄也会空。

良性情绪亏空到一定程度，便会出现情绪崩盘的情况。

如果，与人相处时，你不但拒绝为对方提供良好情绪价值，反而一再消耗对方的良性情绪，强迫对方持续向你支付情绪价值，那么崩盘的就不只是对方的情绪，还可能是你们之间的关系。

其实，在处理情绪问题方面，每个人都有趋利避害的能力，都会尽量避免情绪崩盘的情况发生在自己身上，所以，人们在社交活动中会渴望从他人身上获得良好的情绪价值，也会主动靠近那些能为自己提供良好情绪价值的人。

值得一提的是，向他人提供良好的情绪价值不等于讨好他人。

讨好，必须迎合。

提供良好的情绪价值，只需要令对方产生良性情绪就够了。

举个例子，你便能明白提供良好的情绪价值和讨好的区别了。

A与B讨论甜点话题，A喜欢甜甜圈，B讨厌甜甜圈。

A：我特别喜欢甜甜圈。

B：我也是，甜甜圈最好吃了。

这是讨好。

A：我特别喜欢甜甜圈。

B：我更喜欢焦糖饼干。焦糖饼干的味道简直令我疯狂。

这是提供良好的情绪价值。

你明白了吗?

提供良好的情绪价值就是不刻意讨好他人，也不对外传递负能量，而是积极地把自己内心的好情绪传递出去，用乐观、正能量的情绪去感染他人，让周遭的人都感受到来自自己的正能量。

如果你想要成为一个受欢迎的人，就大方地向周围的人提供良好的情绪价值吧!

欲擒故纵，掌握主动权

沐恩很怕开口求人，他很羡慕朋友希西，在他看来，所有人都会对希西有求必应。最厉害的是，希西求助于人的时候从不说“拜托了”“求求你”之类的恳请、哀求之词。她似乎总有办法让对方主动为自己提供帮助。

有一次，希西请冠岩帮她修电脑，她是这样向冠岩发出请求的：“冠岩，我电脑坏了，周末也不好意思让你过来帮我修电脑，可是我有一大堆工作要处理，你看我能到你家用你的电脑完成工作吗？”

冠岩大方地答应了希西的请求。

没想到，希西反而推辞起来：“这样好像不是很好，到你家工作会不会影响你和女友过周末？”

冠岩说：“无所谓啊，反正白天我们要去逛街。”

希西的语气里流露出愉快的情绪来：“那好吧，我现在就过来。不过事情实在是太多了，我可能要熬通宵，晚上你们回来不用管我，我会安静做事的，肯定不会打扰到你们。”

听了这种话，冠岩吓了一跳。他可不希望希西真在自己家里熬通宵，女朋友肯定会生气的，于是，他赶紧说：“原来你有那么多事要做，我看我还是现在过去，帮你把电脑修好吧。”

电话这头，希西露出了笑容，请冠岩帮自己修电脑才是她的真实目的啊。

还有一次，希西和沐恩去郊外泡温泉。

回家的路上，他们的车子抛锚了，希西让沐恩打电话向朋友求助。

沐恩挠着头，露出为难的神色，嘟囔道：“这么晚了，让人到郊区接我们，不太好吧。我们不如随便找个酒店住下，明早再想办法。”

希西说：“这附近没有酒店，难道我们要在车上过一夜吗？还是你打算跟我徒步走回去？”

沐恩无奈地打开通讯录，选了半天，好不容易才选中一个朋友的电话打了过去：“小林，你可以来郊区接我一下吗？我的车子抛锚了。”

那位小林答道：“不好意思，我现在在开会，不方便去接你。你看看路边有没有酒店，找个酒店先住下吧。”

沐恩说：“没有，这地方前不着村，后不着店，我这儿还有个女孩子，你不来接我们，我们就得在车里过夜了。”

小林笑着说："跟女孩子在野外过夜，那多浪漫啊。挂了啊，我真在开会，接不了你。"

不等沐恩回应，小林就把电话挂断了。

沐恩感到十分沮丧，好不容易鼓足勇气求一回人，没想到竟是这样的结局。

希西无奈地叹了口气，说："你这么说话是不行的，你以为你是谁啊，要别人接你，别人就会来接你。"

沐恩又挠了挠后脑勺，问道："那我该怎么说？人家不愿意，我怎么求都没用啊。"

希西说："谁让你求人了？难道你就不动动脑子让别人说出你想说的话吗？"说罢，希西拿出电话来，选了一个号码，拨了过去，电话很快被接通了。

希西说："小古啊，我是希西，你可以帮我去机场接一下人吗？凌晨三点准时到机场就行。今晚我没办法回城了，跟朋友出来泡温泉，结果车子抛锚，我们只能在郊外过夜了。"

还没等小古回话，希西急急地补充道："我要你帮我接的那个人是我在英国念书时认识的朋友，她是个胆小鬼，不敢一个人住酒店，本来我打算把她接到家里住，没想到今天出了这种事。你能不能帮我把她带到你家里，然后弄点宵夜给她吃？因为从英国飞过来，时间太长，她肯定饿了，她从不吃飞机餐的。"

听了这一大堆要求，小古赶紧推脱道："这怎么好，我明天还要上班，凌晨三点去接人，回来还要弄宵夜给她吃，那一个晚上都不用睡觉了。这样吧，你等着，我来郊外接你，一小时就到了，到时候你自己去接机。”

挂了电话后，希西冲沐恩得意一笑：“看到没，这叫欲擒故纵，以退为进。”

沐恩不屑地说：“糊弄我呢，这叫哪门子欲擒故纵？欲擒故纵指的是想抓住一个人，先放开他，等他放松戒备，充分暴露软肋，然后再把他抓住。这跟你刚才耍的小聪明有什么关系？”

希西笑着说：“希望别人答应你的请求，就先让他拒绝你的请求。待他说出合乎情理的拒绝理由时，你再提出一个小要求，他多半会答应你的小要求。有时甚至你不需要提小要求，他会主动帮你说出你想说的话。”

沐恩琢磨了一阵，发现刚才的情形的确如希西所言，希西想要小古来接自己，她并没有直接提这种要求，而是提了一个更过分的要求。因为要求比较过分，小古有理由拒绝它，为了不让希西太失望，小古主动提出补救方法，他提出的补救方法才是希西内心真正期望达到的目的。

见沐恩对自己的观点感兴趣，希西又补充道：“你知道吗，每个人都会有这样的心理，拒绝了别人一个较大的请求后，内心会产生补偿对方的念头。因为，当一个人接受你的拒绝时，你会觉得对方做出了让步，自己也应该让步，于是，你就会主动想办法补偿对方。”

听了这番话，沐恩恍然大悟，原来希西利用他人渴望补偿的心理掌控了话语权。

经过这件事后，沐恩没那么胆怯了，遇到难事，他也会向他人发起求助了。

过去，沐恩不求人，根本原因是害怕遭到拒绝。现在掌握了“欲擒故纵”的方法，沐恩觉得自己胜券在握，便能大胆向他人发起求助了。

经过几次尝试后，沐恩发现“欲擒故纵”不仅可以成功引导他人答应自己的请求，在其他形式的沟通中，这一招也用得上。

例如，当你和聊天对象的观点产生冲突时，你应当大方一些，尽可能地对对方的观点表示赞同，把主动权让给对方，只要不会过分损害个人利益，就值得为了“欲擒故纵”而做出一点牺牲。

提到关键问题，触及底线的时候，就不必继续顺应对方的观点了，这时候你可以说出自己的想法，对方多半会因为你之前的“牺牲”而同意你的观点。

简言之，他人提出十个观点，你可以大方同意其中那些无伤大雅的观点，以换取对方的补偿心理，让对方明白你已经做出了退让，令对方主动在你想保留的观点上做出妥协。这样，双方的意见便能达成一致了。

限定性因素能促进谈判

涂苏的老公阿衍是个谈判专家，涂苏对谈判颇感兴趣，经常缠着阿衍给自己讲谈判技巧。

阿衍每天都要跟人谈判，对谈判这件事真是有点厌倦了，所以不太喜欢在闲暇时间和老婆聊与谈判技巧相关的话题。

有一次，阿衍被涂苏纠缠得没办法，只好简单说了几句："了解再多谈判技巧也没用，很多时候，决定谈判胜负的是限定性因素。不会利用限定性因素，口才再好，谈判技巧再高超，也等于零。"

涂苏好奇地问："什么是限定性因素？"

阿衍说："一时半会儿跟你说不清楚，总之限定性因素与木桶原理相似。一只桶能装多少水取决于这只桶的短板有多长。"

涂苏当然知道什么是木桶原理。

木桶由数片木条捆绑而成，一只好木桶，每片木条都是完整、无破损的，且所有木条长度一致。如果这只木桶中有一片木条出现了破损、短缺状况，就会影响整只木桶的盛水量。

木桶原理又被称为“短板效应”。这一原理可以理解为，一个人能否成功，并不取决于他的长处有多强，而取决于他的短处有多弱。也就是说，各项素质比较平均的人更易成功。

木桶原理提醒人们要重视自己的弱点，要努力突破限制因素。

涂苏认同木桶原理，但她不理解木桶原理和谈判技巧有什么关联。

直到有一天，发生了一件事，涂苏才领悟到木桶原理与谈判的关联。

那天，涂苏陪女儿在小区里荡秋千。

十来分钟后，一个老人领着自家的孩子走了过来，那小孩上来就踹了涂苏的女儿一脚，直接把女儿从秋千上踹得摔了下来。

涂苏原以为老人会让孩子给女儿道歉，没想到那老人不但不教孩子道歉，反而在一边笑了起来。

涂苏可不愿意自己的女儿受人欺负，于是上前说了那孩子几句：“你为什么踹姐姐？你看，姐姐都从秋千上摔下来了，你应该向她道歉。”

那孩子冲涂苏做了个鬼脸，耍起了赖皮：“不，我就不，就不道歉！”

涂苏严肃地说：“今天你必须给我女儿道歉！”

那小孩忽然跑到老人怀里撒起娇来：“奶奶，她欺负我！”

老人走了过来，质问涂苏："你一个大人，怎么好意思欺负孩子？"

涂苏说："你哪只眼睛看到我欺负他了？我倒要问问你，你家孩子干吗欺负我闺女？"

老人说："我背着孙子走了两千米，就为了来你们小区玩秋千。你女儿占着秋千不让，我孙子当然要打她。"

听到这么荒唐的理由，涂苏哭笑不得："你意思是我女儿就该让他？凭什么？"

老人强词夺理道："我家孩子小，你家孩子大，大的就应该让小的。再说，你在这儿嚷嚷什么？你没听过什么叫尊老爱幼吗？我比你老，我孙子比你女儿小，你们不该尊敬我，爱护我孙子吗？"

涂苏气得说不出话来，明知对方讲的是歪理，却不知道该怎样辩驳。

这时候，下班回家的阿衍刚好经过这里，遇到了妻子和女儿，看妻子脸色不对，女儿在哭，问清楚状况后，心里有些不痛快。

阿衍把女儿抱到了秋千上，说："别哭，爸爸陪你在这儿玩。"

老人有点急了，开始撒泼，直接冲阿衍吼了起来："让开！"

阿衍不紧不慢地说："这个秋千是我们小区里的公共设施，它归我们小区的全体居民所有，也就是说，我拥有它的使用权。你不是本小区的居民，有什么权利使用它？"

老人不懂什么是使用权，但她听懂了阿衍的话，知道自己没有权利在别人的地盘上乱来，便也无话可说了，只能拉着孙子走了。

老人走后，阿衍对涂苏说："这种人，你跟她扯大的该不该让小的，她孙子该不该道歉的问题根本没用，那些理儿不是死理儿，不管你说啥，她都有理由反驳你。直接告诉她，她没有秋千使用权，她也就没啥好说的了。"

阿衍的表现令涂苏想到了谈判，她顿时来了兴趣，赶紧问道："这就是限定性因素？"

阿衍笑答："没错。这就是限定性因素。不管她说多少理儿，最能制约她的理儿只有一个，那就是她不是本小区的居民，没有使用本小区公共设施的权利。"

经过阿衍的讲解，涂苏似乎明白该如何使用限定性因素了。

想要在谈判中获胜，首先要了解对手，挖掘对方身上存在的"短板"，根据对方的"短板"找到可以制约对方反击自己意见的限定性因素。利用限定性因素迫使对方接受自己的意见，就能在谈判中获胜了。

涂苏学得很快，当晚就利用限定性因素让阿衍答应了自己的要求。

涂苏对阿衍说："我想去学烘焙。"

阿衍一脸无奈地问道："你怎么又要学烘焙了？上次我们不是聊过这个问题吗，你已经答应我不去学了啊。"

涂苏说：“上次你说学烘焙要试吃作品，怕我摄入太多糖分，引发‘三高’，我答应你尽量不试吃了啊。”

阿衍说：“学烘焙容易烫到手，我可不忍心自己老婆的手被烫出疤来。”

涂苏撒娇道：“我会小心的。”

阿衍仍然没有动摇，他故作严肃道：“不行，学烘焙要花大量时间，你每天工作够忙的了，下班了还去学烘焙，我和女儿的晚饭问题，谁来解决？”

换作以前，涂苏会反问阿衍：“煮饭的事儿凭什么归我？”但经过了秋千事件，涂苏意识到讲这些不是死理儿的理儿根本不管用，阿衍一定会找理由反驳自己。

于是，涂苏什么理由也没说，只问了一句：“我才是咱家掌控经济大权的人，对不对？”

阿衍不明白涂苏为什么突然提这事，他一头雾水地点了点头。

涂苏满意地笑了，继续问：“家里的钱怎么花，我说了算，对不对？”

阿衍仍然只能点头。

涂苏说：“那就行了，我决定请保姆给你们做饭，花钱给自己报烘焙班的课。这两笔钱花定了，你让不让我上课，随便吧。”

阿衍这才明白过来，原来涂苏提钱的事儿，是为了要限定性因素这一招。于是，他只能假装生气地哀号起来：“天哪，真是教会了徒弟，饿死了师傅！你这么快就学会了用限定性因素跟我谈判，我这个谈判专家自愧不如！学去吧，学去吧，就算我能说出一万个不让你学烘焙的理由来，我也不是家里掌控经济大权的人，钱怎么花，还得听你的。你掏钱付了学费，不让你学，那不浪费了嘛。好吧，我输了。”

听阿衍这么说，涂苏忍不住发出了胜利的欢呼声。

你也能在谈判中利用限定性因素迫使对方与你的意见达成一致吗？找个机会试用一番，便可知晓答案了。